Shahide Dehghan
Hossein Norouzi
Hossein Gholami

Realidade Aumentada e Realidade Virtual na Engenharia Civil

Shahide Dehghan
Hossein Norouzi
Hossein Gholami

Realidade Aumentada e Realidade Virtual na Engenharia Civil

ScienciaScripts

Imprint
Any brand names and product names mentioned in this book are subject to trademark, brand or patent protection and are trademarks or registered trademarks of their respective holders. The use of brand names, product names, common names, trade names, product descriptions etc. even without a particular marking in this work is in no way to be construed to mean that such names may be regarded as unrestricted in respect of trademark and brand protection legislation and could thus be used by anyone.

Cover image: www.ingimage.com

This book is a translation from the original published under ISBN 978-3-659-75719-8.

Publisher:
Sciencia Scripts
is a trademark of
Dodo Books Indian Ocean Ltd. and OmniScriptum S.R.L publishing group

120 High Road, East Finchley, London, N2 9ED, United Kingdom
Str. Armeneasca 28/1, office 1, Chisinau MD-2012, Republic of Moldova, Europe
Printed at: see last page
ISBN: 978-620-8-33994-4

Realidade Aumentada e Realidade Virtual na Engenharia Civil

Shahide Dehghan[1], Hossein Norouzi[2] Hossein Gholami[3]

[1]Departamento de Geografia, Secção de Najafabad, Universidade Islâmica Azad, Najafabad, Irão

[2]Departamento de Engenharia Civil, Isfahan (Khorasgan) Branch, Islamic Azad University, Isfahan, Irão

[3]Departamento de Engenharia Civil, Isfahan (Khorasgan) Branch, Islamic Azad University, Isfahan, Irão

2026

Conteúdo

Prefácio 3
Introdução 5
Corpo do texto 6
Referências 33

Prefácio

Tendo em conta a cobertura mediática e a procura dos consumidores por dispositivos como o HTC Vive e o Oculus Rift, a revolução da realidade virtual é evidente. Esta tecnologia tem a capacidade de afetar todos os aspectos das nossas vidas. Desde a construção de uma casa até à forma como os membros dessa casa são entretidos. A eficácia da RV na indústria da construção pode ser surpreendente, mas, na verdade, este sector é uma das áreas em que a tecnologia está a fazer as maiores mudanças. Juntamente com os seus parentes AR e MR, a RV tornou-se uma parte integrante do processo de construção, desde o gabinete de arquitetura até aos locais de criação de emprego. A construção é um trabalho arriscado e é muito importante para quem trabalha neste sector seguir os princípios de segurança. De acordo com a OSHA, 7 milhões de pessoas trabalham diariamente em ambientes de construção e o número de acidentes fatais no sector da construção é superior ao de qualquer outra profissão. Por conseguinte, uma formação de segurança eficaz é de importância vital. Quanto mais formação os empregados tiverem em ambientes controlados, mais a segurança será melhorada nesta área. No entanto, ao mesmo tempo, é difícil criar uma simulação eficaz no mundo físico. Os trabalhadores podem praticar a subida e descida de escadas, o controlo de ferramentas e outros exercícios perigosos, mas no sector da construção, as coisas podem acontecer de forma rápida e inesperada. Mas com a realidade virtual, tudo é possível. Os simuladores informáticos avançados são capazes de criar ambientes incrivelmente credíveis e os trabalhadores podem sentir-se a trabalhar com ferramentas e equipamentos reais utilizando controladores como o Leap Touch. Além disso, a simulação pode criar decisões instantâneas e situações inesperadas, como o colapso de um andaime ou a queda de uma escada, que anteriormente eram difíceis e impossíveis de reconstruir. A construção de um edifício é um processo longo e dispendioso, e todos os aspectos e variáveis devem ser verificados antes de iniciar a construção, porque é difícil alterar o plano de construção a meio do caminho devido a razões financeiras, administrativas e lógicas. No entanto, os planos podem ser revistos pelo município ou por outras autoridades governamentais, os materiais de construção podem ter de ser substituídos, ou mesmo uma pequena alteração no projeto pode ter efeitos imprevistos noutros aspectos da construção. Por vezes, é necessário efetuar alterações na construção, mas simplesmente não é possível prever os efeitos da alteração. Quando as fundações do edifício são formadas, podem ser revelados problemas e defeitos no projeto que não eram visíveis no mapa, o que é considerado um problema incómodo para os construtores e compradores. A tecnologia de realidade virtual é uma solução criativa e inteligente para este problema. Os compradores e os arquitectos podem ver o edifício completo de qualquer ângulo e em dimensões reais e até mesmo entrar na sala e encontrar os problemas que existem no design de interiores. Esta tecnologia é atualmente utilizada pela McCarthy Building Company, uma das maiores empresas de construção dos Estados Unidos. Utilizando um ecrã Oculus Rift, os clientes da McCarthy percorrem virtualmente um edifício que existe apenas no papel e entram no mundo digital. Podem rápida e facilmente fazer alterações no projeto sem causar danos financeiros ou físicos à operação de construção.

Introdução

O melhor aspeto da realidade virtual, pelo menos do ponto de vista da produtividade no local da serpente, é a sua flexibilidade geográfica. Tudo o que torna esta tecnologia eficaz para efeitos de formação dos trabalhadores é também útil para a colaboração. Os membros da equipa de todo o mundo podem reunir-se e comunicar numa sala de conferências virtual. Naturalmente, a sala de conferências não precisa de ser uma sala física real. Os membros de uma equipa podem encontrar-se facilmente em qualquer lugar e espaço. O ambiente virtual pode fazer com que os funcionários se concentrem e melhorar a qualidade da comunicação. Isto também se aplica aos trabalhadores individuais. A colaboração é importante no mundo de hoje, mas por vezes é necessário concentrar-se no trabalho individual sem o ruído e as distracções dos colegas. A realidade virtual pode fazer isso, para que os empregados possam dedicar-se às tarefas que lhes são atribuídas. No futuro, não será invulgar ter um escritório físico onde alguns empregados trabalham individualmente nos seus cubículos virtuais. McCarthy encontrou outra utilização para a tecnologia de realidade virtual. Na construção de um novo hospital, esta empresa aplicou os conhecimentos de médicos e enfermeiros na conceção de todos os componentes, desde o corredor até ao quarto do doente.

Corpo do texto

O pessoal médico pôde utilizar a sua formação especializada para aconselhar sobre a colocação de tomadas eléctricas e equipamento pesado, de modo a que o hospital construído pudesse ser utilizado eficazmente para tratar os doentes. Este é um excelente exemplo da acessibilidade da RV que pode ser utilizada em qualquer outro domínio. Arquitectos e trabalhadores da construção civil que não tenham recebido formação, bem como médicos e enfermeiros, não podem dar as suas sugestões com base em desenhos em papel. Ao utilizar a realidade virtual, os profissionais de saúde podem manobrar em torno de equipamentos e outros dispositivos e imaginar como trabalhariam com esses dispositivos no mundo real, uma sensação que parece difícil de alcançar no papel. Na economia global de hoje, as pessoas que são financeiramente responsáveis por um edifício em construção podem estar localizadas a centenas de quilómetros de distância ou noutro país. Podem apenas ter a possibilidade de visitar o edifício em construção uma ou duas vezes durante a obra. Ao mesmo tempo, é importante para os construtores que os clientes tenham uma noção clara do estado da construção. A velha forma de ir a pé para o trabalho ainda é comum na maior parte do mundo, mas é muitas vezes deixada aos representantes dos serviços locais. A realidade virtual, com a flexibilidade da localização geográfica, resolve completamente este problema. Utilizando a RV, os gestores e funcionários podem deslocar-se pelo local de trabalho independentemente do local onde se encontram. Desta forma, a RV pode evitar a apropriação indevida, o desperdício de tempo e trabalho, e acompanhar os programas no caminho definido. Uma das aplicações interessantes das tecnologias de RV na construção é a possibilidade de utilizar a tecnologia de realidade aumentada. Ao contrário da realidade virtual, a RA permite que o utilizador tenha plena consciência do ambiente em que se encontra e acrescenta novas informações à sua volta. Os trabalhadores podem utilizar auscultadores como o capacete inteligente DAQRI enquanto trabalham e ter à vista os planos de construção que precisam de executar continuamente, e os materiais e equipamentos podem ser facilmente colocados no seu lugar correto sem necessidade de mapas em papel. Mais importante ainda, os trabalhadores podem saber a localização e o local de trabalho dos outros trabalhadores e do equipamento pesado. Os problemas e os potenciais perigos que ocorrem rapidamente ou a presença de equipamento escorregadio podem ser enviados diretamente para os auscultadores dos trabalhadores, permitindo-lhes resolver o problema antes de correrem perigo e garantir a segurança. Estes são os tipos de aplicações práticas no mundo real que tornam a tecnologia de realidade virtual atractiva. Esta tecnologia não só é capaz de nos transportar para o mundo virtual, como também torna a vida no mundo real mais segura e melhor. As tecnologias de Realidade Virtual (RV) e de Realidade Aumentada (RA), como uma das mais importantes realizações tecnológicas das últimas décadas, entraram em vários domínios da vida humana.

Estas duas tecnologias não só combateram as fronteiras da realidade e da realidade virtual, como também proporcionaram muitas possibilidades nos domínios científico e industrial. A utilização generalizada das tecnologias de realidade aumentada (RA) e de realidade virtual (RV) na indústria da construção permite aos arquitectos e engenheiros conceber e executar projectos de construção de forma mais precisa e transparente. Uma das principais vantagens da utilização da RA e da RV na conceção de edifícios é a criação de modelos 3D de elevada precisão. Estas tecnologias permitem aos engenheiros observar as estruturas e os componentes do projeto com elevada precisão e identificar rapidamente os pontos fracos. A RA permite fornecer informações úteis através de dispositivos móveis ou câmaras, que podem ser adicionadas à imagem real do ambiente. Os arquitectos podem obter informações da melhor forma visualizando informações importantes, como alterações de projectos, pormenores técnicos, etc., no local de construção. A RV permite aos arquitectos interagir com estruturas num ambiente virtual e diagnosticar rapidamente problemas de arquitetura. Esta abordagem exige que os projectistas corrijam virtualmente os defeitos antes de iniciar a construção. A RV permite que as pessoas envolvidas em projectos de construção se familiarizem mais com o processo de construção. Esta tecnologia facilita a formação e a sensibilização, proporcionando ambientes mais realistas aos gestores, trabalhadores e outros membros da equipa. A utilização de tecnologias de realidade aumentada (RA) e de realidade virtual (RV) no fluxo de trabalho da construção oferece muitas possibilidades para melhorar os processos e aumentar a produtividade. Nesta secção, são discutidas as aplicações destas tecnologias no fluxo de trabalho da construção. A utilização de RA e RV na fase de conceção permite aos arquitectos e engenheiros compreender claramente o desempenho do edifício no ambiente real. Esta possibilidade aumenta a precisão em diferentes pontos do projeto e também informa melhor sobre os problemas de conceção no ambiente real. A utilização da RV na fase de planeamento permite aos gestores ver claramente os pontos fortes e fracos de cada programa e tomar as melhores decisões. Esta tecnologia também fornece um edifício funcional detalhado na fase de implementação do projeto, proporcionando um ambiente virtual. A utilização da RA no processo de formação permite que os trabalhadores disponham de informações mais exactas sobre os pontos perigosos do ambiente de trabalho e os melhores métodos de segurança. para aprender Isto ajuda a melhorar a segurança e a reduzir os acidentes. A utilização da tecnologia de RA no processo de monitorização em tempo real permite que os gestores acompanhem o progresso do projeto com maior precisão. A informação actualizada e precisa fornecida aos gestores através desta tecnologia permite tomar decisões melhores e mais rápidas. A utilização da tecnologia AR no registo de informações ambientais relacionadas com os projectos oferece a possibilidade de uma melhor gestão da informação e de uma documentação exacta. lenta Esta possibilidade aumenta a produtividade e reduz possíveis problemas no futuro. A utilização de tecnologias de realidade aumentada (RA) e de realidade virtual (RV) no sector da construção apresenta desafios e limitações que são necessários para tirar o máximo partido destas tecnologias e que requerem soluções para os ultrapassar. Custos e necessidade de infra-estruturas: Uma das principais limitações da implementação da RA e RV no sector da construção são os elevados custos de implementação e a necessidade de infra-estruturas adequadas. A criação de sistemas de apoio, a obtenção de equipamento adequado e a formação de funcionários requerem investimentos significativos. Complexidade na integração com os processos existentes: Um dos desafios que surgem com a utilização da RA e RV é a complexidade na integração com os processos existentes no sector da construção. Estas tecnologias têm de ser adaptadas de forma a serem compatíveis com os processos existentes e a que estas facilidades sejam utilizadas da melhor forma possível. Limitações de hardware e software: a falta de equipamento de hardware e software, especialmente para suportar a RV, cria limitações Este ponto requer o desenvolvimento e a atualização contínuos de hardware e software. Questões relacionadas com a segurança: A utilização da RA e da RV conduz a questões relacionadas com a segurança da informação. A transferência de dados sensíveis e a manutenção de informações em ambientes virtuais requerem soluções de segurança profissionais. Conformidade com normas e leis: O cumprimento de várias normas e leis relacionadas com o sector da construção exige uma atenção e um acompanhamento cuidadosos. Estas adaptações podem criar limitações à utilização generalizada destas tecnologias. Formação e desenvolvimento cultural: a formação dos trabalhadores e as mudanças culturais necessárias para a implementação bem sucedida da RA e RV é um dos desafios mais importantes. A formação das pessoas para a utilização destas tecnologias e a mudança de atitudes requerem tempo e um esforço contínuo. Examinámos os desafios e as potencialidades da utilização das tecnologias de realidade virtual (RV) e aumentada (RA) no domínio da construção. Estas duas tecnologias não só melhoram as experiências educativas e dos utilizadores, como também desempenham um papel eficaz na gestão de projectos de construção e na execução de projectos complexos. Ao integrar corretamente as tecnologias sustentáveis e ao criar normas adequadas, estas tecnologias podem ser transformadas numa ferramenta fundamental para melhorar a eficiência e a qualidade dos projectos de construção. A RV (realidade virtual) é uma simulação informática que tenta criar um mundo ou uma realidade alternativa para os seres humanos. Basicamente, esta tecnologia é uma realidade fictícia gerada por computador que tenta estar tão próxima da realidade que cria uma experiência 3D real para o utilizador. Utilizando a RV, o utilizador pode experimentar eventos que podem ser difíceis ou completamente imaginários e impossíveis de experimentar no mundo real. Esta tecnologia é a experiência de viver numa realidade que não existe realmente ou que pode estar localizada num lugar, mas que não está disponível por alguma razão; por exemplo, mergulhar debaixo de água, o que não é possível para todos. A realidade virtual assenta num conjunto de ferramentas especiais, como óculos de realidade virtual, auscultadores, luvas tácteis, etc., que estão atualmente à disposição do público. Estas ferramentas apresentam imagens ou vídeos através de um auricular e de um sistema de áudio e tentam criar um ambiente completamente semelhante à realidade para o utilizador; por exemplo, ao utilizar luvas tácteis, o utilizador pode sentir a realidade virtual com as mãos, mover o objeto ou até tocar guitarra. Até hoje, a realidade virtual tem feito grandes progressos e tem funcionado muito bem na criação de um ambiente interativo. . Imagine poder entrar numa história próxima da realidade, ligar-se aos acontecimentos e senti-los completamente! Esta experiência pode ser muito surpreendente e, provavelmente, irá provocar muita emoção. A realidade virtual entrou em muitos domínios e, ao criar um espaço 3D, proporciona ao utilizador a experiência de voar, olhar, testar, etc. Esta tecnologia facilita o trabalho ao criar um ambiente interativo em muitas áreas, como a educação. Além disso, permite que os utilizadores realizem as suas experiências num ambiente artificial. Esta tecnologia ajuda o utilizador a criar um mundo realista e a descobrir o mundo, e dá a possibilidade de experiências aos seres humanos que podem não ser tão simples no mundo real. Não comentar. Um dos melhores exemplos de realidade virtual é a viagem ao fundo dos oceanos, que foi bem recebida por muitos. A questão a salientar é que a realidade virtual é fundamentalmente incompleta por si só; uma vez que os seres humanos estão inerentemente interessados em estar num ambiente natural e real, a RV não pode criar uma experiência natural para os seres humanos por si só e, devido à sua funcionalidade, não tem a capacidade de superar o mundo real. Esta tecnologia é utilizada para implementar ferramentas e dispositivos de RV. O seu custo elevado não é muito fácil para algumas pessoas na sociedade. Os utilizadores não podem utilizar esta ferramenta durante um período longo e contínuo; porque cada uma das ferramentas necessárias para esta tecnologia tem um peso e não é fácil suportá-las durante muito tempo. Outro problema que é por vezes considerado para esta tecnologia é que o utilizador não tem qualquer ligação com o mundo real para a operar. Está completamente colocado noutro espaço, que, de qualquer modo, não é real. Para além do acima exposto, o treino de várias competências no ambiente de RV nunca tem o mesmo resultado que o treino e o trabalho no mundo real, e é uma garantia para o sucesso de uma pessoa que cumpre as suas funções. Nas últimas décadas, todos os dias assistimos à criação de novas tecnologias que são utilizadas em vários domínios e que tentam tornar as actividades humanas mais fáceis e mais rápidas. A Realidade Aumentada é uma das novas tecnologias que está rapidamente a encontrar o seu lugar em vários campos nos dias de hoje; desde anúncios e jogos de computador a tecnologias muito avançadas. A realidade aumentada, ou AR, é uma combinação de informação que existe no mundo real e de informação que é criada por um computador (telemóvel, tablet, etc.). A tecnologia acrescenta informação à realidade existente. É de salientar que a tecnologia de RA é completamente diferente da RV. Na RV ou realidade virtual, toda a informação apresentada ao utilizador é criada pelo computador. A arquitetura está sempre a tentar realizar o que não existe com a melhor qualidade, e a arte do arquiteto consiste em incorporar a melhor qualidade do espaço e realizá-la sob a forma de linha, superfície e dimensões do espaço físico e tangível. Por conseguinte, pode dizer-se que é uma das melhores aplicações da realidade aumentada na arquitetura, desde a conceção inicial e o consenso entre o arquiteto e o cliente até à pré-venda de imóveis por empresas comerciais, passando pelo mobiliário de uma unidade residencial e... a realidade é que a visualização de edifícios e de diferentes espaços não só facilita o trabalho dos arquitectos, como também ajuda as empresas imobiliárias a comercializarem de forma mais eficiente. Especialmente quando o empregador planeia vender a sua propriedade antes da conclusão do projeto, pelo que precisa de utilizar a tecnologia para mostrar a beleza e o desempenho futuros do projeto aos potenciais compradores de hoje, é aqui que a realidade aumentada ajuda o arquiteto e o empregador. Venha e visualize o futuro da propriedade hoje. O que as maquetas e as representações de qualidade não conseguem fazer bem. A realidade aumentada também pode ajudar os arquitectos e os designers de interiores a fazer avançar os projectos em diferentes fases, bem como a comunicar com o cliente. Definitivamente, a ferramenta de RA não substitui o impacto pessoal do arquiteto ou especialista em design, mas pode substituir ou complementar as demoradas representações em 3D. A realidade virtual está a desenvolver-se na conceção e arquitetura de edifícios, e são introduzidos novos modelos e tecnologias para a conceção e simulação de edifícios. Além disso, a utilização de tecnologias de realidade virtual e de realidade aumentada está também a expandir-se. Ao utilizar estas tecnologias, os planos de construção podem ser criados em ambientes virtuais e o plano pode ser visualizado e redesenhado antes da construção efectiva do edifício. A realidade virtual e a realidade aumentada são dois conceitos tecnológicos que se desenvolveram nas últimas décadas devido aos avanços no domínio da tecnologia. A informação e a comunicação foram criadas. Realidade virtual significa criar um ambiente virtual totalmente digital no qual os utilizadores podem entrar e interagir, sem regressar à sua realidade física. Estes ambientes são normalmente realizados utilizando os processadores mais rápidos, ecrãs de alta qualidade e sistemas de realidade virtual. A realidade aumentada, por outro lado, refere-se à combinação da realidade física com elementos virtuais, a fim de criar uma experiência interactiva e, por vezes, alargada. Neste caso, a informação virtual é sobreposta ao mundo real e permite aos utilizadores interagir com o mundo real enquanto beneficiam de informações e ferramentas virtuais. Com estas interpretações, a principal diferença entre a realidade virtual e a realidade aumentada é a quantidade de interação do utilizador com o mundo físico. Enquanto a realidade virtual transporta o utilizador para um ambiente completamente digital, a realidade aumentada permite que os utilizadores interajam simultaneamente com o mundo real e utilizem informações virtuais ao mesmo tempo. Os arquitectos e designers podem utilizar auscultadores de realidade virtual ou sistemas de realidade virtual. Criar e interagir com ambientes 3D e de realidade virtual mais avançados, como o Oculus Rift. Ao utilizar esta tecnologia, é possível introduzir os projectos realizados de forma simulada, visualizar as dimensões e o design em escala real e aplicar as melhorias necessárias através de alterações ou redesenhos. Além disso, os clientes podem ver os seus planos de construção desejados ou os desenhos feitos pela empresa de design antes da construção efectiva e compreender melhor o desenho e as escolhas relacionadas. Utilizando software relevante e dispositivos inteligentes, como tablets ou telemóveis, os arquitectos e engenheiros podem aplicar desenhos de construção em 3D a imagens reais do ambiente e visualizar esses desenhos sob a forma de realidade aumentada no ambiente. Esta tecnologia permite que os clientes visualizem planos e pormenores de construção em tempo real utilizando os seus smartphones. Tal como em muitos outros sectores, a tecnologia de realidade virtual, a realidade aumentada e a realidade mista transformaram o mundo do design de interiores. Desde a arquitetura à decoração de interiores, a RV e as tecnologias relacionadas têm utilizado novas formas de construir o nosso local de trabalho e a nossa vida. A realidade virtual está a tornar-se rapidamente o principal caminho da tecnologia e, em breve, os auscultadores de RV e RA serão tão abundantes como os telefones. Os telemóveis inteligentes são utilizados nos lares americanos. Não é de surpreender que o mundo da arquitetura e da decoração de interiores beneficie desta nova tecnologia, da sua popularidade e da sua ampla e acessível acessibilidade. Para um arquiteto, a RV é um sonho tornado realidade. Antes, os arquitectos tinham de esperar semanas e meses para ver o resultado do seu trabalho. Os desenhos de um arquiteto num mapa são como as notas musicais que um compositor escreve no papel. É possível que o que está desenhado no mapa mostre o ponto de vista de um arquiteto, mas este ponto de vista não pode ser experimentado na realidade e, para isso, é necessário utilizar tempo, dinheiro e mão de obra especializada. Embora os modelos feitos com base no mapa sejam úteis, não podem substituir a escala real. Uma pequena maquete é mais útil do que um mapa impresso ou um monitor de computador bidimensional, mas não pode exprimir o alcance e a grandeza que os arquitectos privilegiaram ao conceberem os seus mapas. Além disso, a realização de maquetas é dispendiosa e morosa, e não pode ser alterada depois de feita. Por outro lado, a RV fornece aos utilizadores desenhos à escala real, de forma rápida e barata. Um desenho CAD pode ser imediatamente transferido para o mundo virtual, e uma simulação de boa qualidade é indistinguível da realidade. Os arquitectos podem entrar no que desenharam, ver os pormenores e até fazer alterações ao seu projeto em tempo real. No mundo virtual, tudo é possível e os arquitectos podem utilizar o software para adicionar ou remover determinados elementos, não sendo necessária mão de obra nem licenças de construção para estas alterações. Aplicação de realidade inteligente, convergência atractiva. Entre Smartphones, Realidade Virtual e Realidade Aumentada destina-se a arquitectos profissionais e utilizadores que transferem os seus desenhos para o serviço para serem convertidos em ficheiros compatíveis com a realidade inteligente. Uma vez carregado o ficheiro na aplicação para smartphone, o utilizador pode digitalizá-lo sobre um mapa em papel e transformá-lo em realidade virtual ou realidade aumentada. Este software é compatível com todos os tipos de ecrãs de cabeça AR/VR. Em RV, os utilizadores podem literalmente caminhar dentro dos seus projectos, e esta interação é valiosa porque lhes permite compreender o sentimento daqueles que viverão no espaço desse projeto. Na realidade inteligente AR, cria-se um modelo 3D na superfície de uma mesa ou em qualquer outra superfície. Ambas as funções (AR e VR) desta aplicação são um caminho atrativo e excitante para os arquitectos, que podem trabalhar com os seus projectos antes de os executar e comunicar. Baseando-se em mapas em papel, este software permite que os arquitectos utilizem as suas competências e conhecimentos para realizar projectos no mundo virtual. No mundo da decoração de interiores, a utilização de RA e RV é mais comum. Embora os arquitectos tenham recebido formação durante muitos anos, quase todos eles não são profissionais na área da decoração de interiores. O advento da realidade virtual significa que há mais oportunidades do que nunca para experimentar diferentes decorações para uma casa sem pagar um cêntimo. Eis alguns dos melhores exemplos do desempenho destas tecnologias em ação. Os designers de interiores profissionais aceitaram de braços abertos as tecnologias de RA e RV. Há uma série de programas para ajudar os designers a comunicar ideias aos clientes. Utilizando a realidade virtual, a Nebka desenvolveu um produto para arquitectos e empreiteiros de construção. Este produto permite que os profissionais de vendas tenham uma melhor visão do espaço acabado do edifício e, para além de visitarem todas as partes do edifício, entrem na sua casa mobilada e partilhem esta experiência objetiva com os seus clientes. A apresentação de projectos virtuais é muito eficaz porque os clientes podem ver o resultado final sem pagar o mínimo custo. Desta forma, os designers e os clientes podem chegar a acordo entre si antes de realizar qualquer parte do projeto e poupar tempo e dinheiro. A RA e a RV estão atualmente a ter um grande impacto na arquitetura e no design de interiores. O processo de influência desta tecnologia ajuda à sua aceitação e, em breve, parecerá estranho não utilizar a RA e a RV no design e decoração de interiores. A Realidade Aumentada (RA) é uma tecnologia que combina a realidade ambiente com informações geradas digitalmente para criar uma experiência combinada para os utilizadores. Na realidade aumentada, a informação digital, como imagens, som, gráficos e outras informações, é adicionada ao mundo real. Para conseguir esta experiência, os dispositivos de realidade aumentada utilizam normalmente câmaras, sensores e outros equipamentos para recolher imagens e informações do ambiente e, em seguida, combinam estas informações com dados digitais. O resultado é a apresentação desta combinação num ecrã ou dispositivo de realidade aumentada. Algumas das aplicações da realidade aumentada são: Virtualização de dados: Visualização de informações sobre o ambiente de forma virtual, como por exemplo, mostrar os nomes de lojas, informações turísticas ou informações técnicas sobre a imagem do mundo. Real. Educação e formação virtual: Utilização da realidade aumentada na educação e formação virtuais para criar experiências educativas úteis e envolventes. Jogos de vídeo: Criação de jogos de vídeo que utilizam câmaras e sensores para inserir informações digitais no ambiente real do jogador. Medicina: Utilização em operações cirúrgicas, educação médica e diagnóstico de doenças. Indústria e manutenção de equipamentos: Aplicações como a reparação e manutenção de equipamentos industriais, utilizando a visualização de informações digitais em equipamentos físicos. Atualmente, a realidade aumentada é cada vez mais utilizada em muitas indústrias e domínios. E o seu desenvolvimento como nova tecnologia está em curso. A realidade virtual (RV) é uma nova tecnologia que entrou nas nossas vidas e não se limita aos jogos de vídeo. A engenharia de realidade virtual envolve a utilização de ferramentas de modelação 3D e técnicas de visualização como parte do processo de conceção. Esta tecnologia permite aos engenheiros visualizar o seu projeto em 3D e compreender melhor o seu funcionamento. Além disso, podem identificar quaisquer defeitos ou riscos potenciais antes de o projeto ser implementado. A realidade virtual ou RV também permite que a equipa de design mantenha o seu projeto num ambiente seguro e faça alterações quando necessário, o que poupa tempo. E custa. O que é importante é a capacidade da realidade virtual para mostrar os detalhes exactos de um produto de engenharia, mantendo ao mesmo tempo imagens imaginativas. A realidade aumentada (RA) é uma tecnologia que permite sobrepor imagens de computador criadas em software CAD ou de modelação da informação (BIM) à visão do utilizador do mundo real, criando uma visão composta ou aumentada. A realidade aumentada é um pouco semelhante à realidade virtual, que é um simulador que simula completamente o mundo real. De facto, a diferença entre a realidade virtual e a realidade aumentada é que na realidade virtual todos os elementos percebidos pelo utilizador são criados pelo computador. Mas na realidade aumentada, parte da informação que o utilizador percepciona existe no mundo real e outra parte é criada pelo computador. De facto, a aplicação da realidade aumentada (RA) à arquitetura pode substituir os sistemas de visualização de informação e de verificação das empresas de arquitetura e dos empregadores que utilizavam imagens renderizadas, deixando de ser necessário fazer modelos manuais e planos em papel. Felizmente, ao utilizar esta plataforma, é possível ter todas as informações desejadas de um plano de uma forma completamente real e clara. A tecnologia de realidade aumentada na construção oferece a possibilidade de combinar planos de arquitetura virtuais com a realidade física. Esta tecnologia fantástica aumenta a precisão e a eficiência, reduzindo os erros relacionados com a gestão do tempo, do dinheiro e dos recursos. Esta plataforma tem sido útil para arquitectos, designers e engenheiros revolucionários. Considerando os primeiros dias de um projeto de arquitetura, quando os arquitectos enfrentam o maior desafio para apresentar o seu desenho inicial, a tecnologia de realidade aumentada (RA) pode ajudá-los muito. Esta tecnologia é muito valiosa para a arquitetura porque a capacidade de criar modelos 3D de estruturas projectadas, com conteúdo digital e simulação animada pode ajudá-los muito, a utilização da tecnologia de realidade aumentada (AR) dá às empresas a capacidade de compreender mais profundamente as camadas de informação do edifício. As ferramentas de realidade aumentada são desenvolvidas com base em técnicas de RV ou RA. As ferramentas baseadas em RV ou RA são métodos eficientes na simulação 3D de espaços. Mas têm diferentes técnicas de implementação e capacidades funcionais. Por exemplo, a RV é um tipo de simulação baseada em dados informáticos e, por fim, a estimulação num mundo completamente virtual. É quando se utiliza a

RA para colocar elementos virtuais no mundo real. Este simples ponto fez com que a RV funcionasse para arquitectos e simulasse estruturas que, em princípio, não existem. Mas é possível utilizar a RA para fins como a arquitetura de interiores e o design de decoração. Porque pode ver facilmente alterações virtuais no mundo real à sua frente. Com esta introdução, pode agora analisar melhor as ferramentas de realidade aumentada e conhecer as suas capacidades práticas. O Storyboard VR é uma simulação baseada em imagens de computador que representa um mundo completamente virtual. Esta ferramenta é gratuita e pode ser utilizada para simular os seus projectos de criação de novos edifícios. Pode trabalhar no ambiente do Storyboard VR para preparar mapas e ambientes transparentes. Pode ainda partilhar os seus mapas virtuais e 3D. O Storyboard VR é uma ferramenta de realidade aumentada em arquitetura para prototipagem que é facilmente utilizada por uma vasta gama de arquitectos ou artistas e até por fabricantes de AEC. Com esta ferramenta, é possível realizar acções como a recolha de informações, ordenar a execução de partes do projeto, comparações e animações, etc., de forma bidimensional. Com esta ferramenta, é possível criar mapas transparentes do ambiente do projeto e partilhá-los facilmente com outras pessoas através de um software de comunicação em massa para telemóveis. ARKI é um software de visualização real de dados de realidade aumentada. Utilizam esta ferramenta para criar espaços e fachadas na arquitetura de edifícios e no design paisagístico, mas esta ferramenta foi concebida com a técnica de RA. De tal forma que mostra as suas ideias arquitectónicas com o fundo de uma imagem real ou ao vivo do ambiente. O ARKI foi concebido para ser simples e prático e é uma das ferramentas de realidade aumentada baseadas em telemóveis. Com este software, pode criar modelos 3D a partir de imagens 2D. Também tem a possibilidade de analisar sombras e até escolher materiais em realidade aumentada. Por outro lado, tem a possibilidade de guardar as quantidades desejadas de modelos simulados sob a forma de filmes e completamente em 3D. ARKI é uma ferramenta de realidade aumentada em arquitetura concebida para os sistemas operativos Android e IOS. Ao mesmo tempo, com esta ferramenta, pode gravar as imagens desejadas em formato de vídeo ou sob a forma de imagens 3D. Ao mesmo tempo, é possível partilhar o conteúdo por e-mail ou outras redes sociais. Outra ferramenta é a realidade aumentada, que o ajuda a criar os seus modelos e acessórios 3D no mundo real. Além disso, pode até utilizar fisicamente o produto 3D dentro do espaço. O Pair é um programa desenvolvido para os sistemas iPhone ou iPad, especializado na criação de imagens 3D. O Pair tornou-se uma das ferramentas de RA mais populares. Porque esta ferramenta de realidade aumentada foca os produtos e os consumidores numa arquitetura diferente das outras ferramentas e permite criar uma imagem completamente física de um produto em 3D. É uma das ferramentas de realidade aumentada mais atractivas e, ao mesmo tempo, mais simples na arquitetura. Esta aplicação utiliza a câmara do telemóvel para criar um modelo BIM. Ao utilizar o modelo BIM concebido por este programa, pode criar uma interação 3D e completamente virtual com diferentes espaços do edifício. Com esta ferramenta, pode facilmente fazer zoom nos componentes da sua simulação e até desenhar as suas camadas estruturais. Por outro lado, nesta ferramenta de realidade aumentada em arquitetura, dispõe de capacidades como mover-se através das fases de um projeto ao longo do tempo ou gravar imagens de simulação. Esta ferramenta foi concebida com base na técnica de RV. A Smart Reality funciona com a técnica de criação de modelos BIM. Desta forma, é possível utilizar planos de construção impressos para criar uma visualização 3D do projeto. Esta possibilidade permite-lhe concentrar-se nos componentes do projeto e até tocar nas suas diferentes camadas estruturais. Ao mesmo tempo, dispõe de funcionalidades atractivas e práticas, como a possibilidade de percorrer as fases de um projeto ao longo do tempo. O Fuzor é um programa de realidade aumentada em arquitetura concebido para complementar os projectos de simulação Revit e, com esta ferramenta, pode agora visualizar projectos Revit completamente virtuais em 3D. É interessante saber que o Fuzor foi originalmente criado com o objetivo de desenvolver espaços 3D para todo o tipo de jogos; mas, no futuro, utilizaram o seu potencial para comunicar com o Revit e trabalhar no mundo da arquitetura. Pode utilizar rapidamente a interação simples do Fuzor com o Revit para visualizar desenhos 3D e fazer as alterações necessárias. Dispõe ainda de capacidades como medir em diferentes direcções, analisar as condições ambientais, verificar a iluminação do ambiente, os efeitos de cor e aplicar filtros, etc. na sua simulação. Nesta eficiente ferramenta, tem acesso a facilidades como diferentes medições, análise de iluminação e sombras, cor e aplicação de vários filtros, medição de secções transversais e até corte de partes do projeto, renderização do projeto passo a passo de acordo com a informação BIM. . O Fuzor suporta muitas aplicações no mundo da arquitetura, tais como Revit, FBX, SketchUp, Navisworks, etc. O Autodesk Revit é uma das ferramentas de realidade aumentada mais populares na arquitetura. Pode utilizar as poderosas ferramentas deste software para modelar o edifício e até fazer alterações nos modelos de acordo com os desejos do empregador. Com esta ferramenta, tem a capacidade de criar um mundo completamente virtual, mas flexível. O Revit é, sem dúvida, a ferramenta de realidade virtual mais popular entre arquitectos e designers de interiores, que lhe permite trabalhar facilmente na fronteira entre a fantasia e a realidade para criar as suas ideias. A realidade aumentada é uma técnica para criar um mundo virtual que ajuda a aplicar melhores projectos e ideias ao mundo real. Tudo na realidade aumentada é virtual, mas pode facilmente simular o seu mundo ideal. Entretanto, é necessário utilizar as melhores ferramentas de realidade aumentada de forma inteligente. Se quiser imaginar o edifício ou a área projectada e até andar nela, ou se estiver a fazer design de interiores e for necessário, antes de comprar coisas, verificar a harmonia e a compatibilidade dos elementos essenciais com as dimensões do espaço ou o estilo e o tema do ambiente, a realidade aumentada na arquitetura é a sua solução inteligente. Claro que, se utilizar corretamente as ferramentas de realidade aumentada baseadas em RV ou RA. A Realidade Virtual (Realidade Aumentada) para arquitectos e as ferramentas de realidade aumentada para a indústria AEC estão a tornar-se cada vez melhores e mais eficientes. Com a redução de preços que ocorre nos projectos, há menos razões para que qualquer arquiteto, engenheiro, empreiteiro e proprietário não utilize a forma de RV/RA nos seus projectos. Realidade Virtual (realidade aumentada) para arquitectos desde há alguns anos, as soluções de RV/AR estão rapidamente a tornar-se um meio que se tornou profissional. Na indústria AEC, comunicam, criam e experimentam conteúdos, proporcionando uma experiência orgulhosa de projectos arquitectónicos, mas também de produtos e áreas relacionadas com o espaço de construção, as ferramentas de RV e RA tornaram-se um padrão da indústria que proporciona uma rápida iteração e a oportunidade de modificação de projectos em colaboração com clientes e colegas. Enquanto a RV cria ambientes totalmente computorizados e estimulantes, a RA fornece elementos virtuais como sobreposições ao mundo real. Por este motivo, embora utilizem o mesmo tipo de tecnologia, a RV e a RA estão a seguir direcções diferentes para o utilizador final e para diferentes indústrias. Além disso, a RV é uma ferramenta adequada para os arquitectos, ao passo que a RA terá provavelmente mais utilização na construção. Embora cada uma destas duas tecnologias pioneiras seja a tecnologia atual, ainda se encontram na fase inicial de desenvolvimento e o seu desenvolvimento está a aumentar de dia para dia. Nesta secção, apresentamos uma lista destas ferramentas e discutiremos as suas definições: O ARki é um serviço de visualização de realidade aumentada para modelos de arquitetura. Traz a tecnologia de realidade aumentada para a arquitetura, fornecendo modelos 3D com diferentes níveis de interatividade, tanto para fins de conceção como de utilização. O ARki pode ser utilizado em qualquer dispositivo IOS/Android. Utilizado, sobrepõe simplesmente modelos 3D a desenhos existentes de nível 2, mas também fornece várias outras funcionalidades interactivas, incluindo análise de sombras e seleção de materiais. Os utilizadores podem também captar imagens arbitrárias de modelos em ambos os formatos de vídeo e gravar em 3D e partilhar o seu conteúdo multimédia por correio eletrónico ou redes sociais. O Storyboard VR é uma ferramenta gratuita de visualização e prototipagem que pode ser utilizada por arquitectos, profissionais, artistas e construtores de AEC. Permite aos utilizadores montar, organizar, dimensionar e animar facilmente de duas formas. Os criadores do Storyboard VR, Artefact Design Company, desenvolveram-no para seu próprio uso interno nos projectos de RV em que estavam a trabalhar. Tornaram a sua ferramenta tão rápida e fácil quanto possível para criar protótipos de RV. É possível criar mapas transparentes e mapas de ambiente a partir das ferramentas disponíveis no esquema do Storyboard VR, seleccioná-los e criar uma história. A facilidade de utilização permite aos designers partilhar ideias e obter feedback logo no início do processo de conceção. O Storyboard VR também tem diapositivos - cenas sequenciais - que se assemelham a uma versão VR do PowerPoint. A empresa utilizou tecnologias proprietárias de visão por computador e de realidade aumentada para criar uma aplicação que permite aos arquitectos criar modelos 3D de consumíveis utilizando iPhones ou iPads. Depois de lançar a aplicação, a empresa verificou que uma grande percentagem do seu crescimento provinha dos fabricantes de mobiliário e de electrodomésticos. O que torna a Pair diferente de outras aplicações de RA é o seu foco nos produtos e nos consumidores - permitindo aos utilizadores interagir fisicamente com um produto 3D. A SmartReality é uma aplicação móvel baseada na realidade aumentada que utiliza a câmara de um telemóvel para sobrepor um modelo BIM interativo a planos de construção impressos, criando uma visualização 3D dos projectos. O programa SmartReality também está disponível numa versão VR concebida pela equipa de investigação e desenvolvimento da JBKnowledge Labs. Esta versão permite aos utilizadores percorrer modelos de construção utilizando soluções de realidade virtual como o Oculus Rift, o Samsung Gear e utilizar o Google Project Tango. O Fuzor é um programa de renderização em tempo real que se integra no Revit. Utilizando tecnologia originalmente concebida pela Kalloc Studios para o design de jogos, fornece uma ligação bidirecional com o Revit, o que permite aos utilizadores visualizar, anotar e rever a informação BIM à sua volta, bem como sincronizar alterações entre as duas ferramentas. O Fuzor actualiza e reflecte instantaneamente as alterações feitas a um ficheiro Revit. suporta várias medições, análises, análises de iluminação, filtros de cor e visibilidade, medições de secções transversais e secções e renderização de vídeo passo a passo com informações BIM incorporadas. Visualização BIM através do Google Drive ou Dropbox. Atualmente, a Fuzor suporta Revit, Archicad, Rhinoceros 3-D, Navisworks, SketchUp, FBX e 3DS. A tecnologia penetrou em todas as áreas das nossas vidas e transformou todos os sistemas e estruturas comerciais. Entretanto, tecnologias modernas como os metaversos e muitos outros conceitos foram de alguma forma integrados nas moedas digitais, proporcionando novas experiências aos seres humanos que nunca passaram de um sonho. Para examinar a diferença entre realidade virtual e realidade aumentada, vamos definir realidade virtual, que é uma simulação de computador que tenta criar um mundo ou uma realidade alternativa para os seres humanos. Esta tecnologia é basicamente uma realidade de fantasia gerada por computador que tenta aproximar-se da realidade o suficiente para criar uma verdadeira experiência 3D para o utilizador. Com a utilização da realidade virtual, o utilizador pode experimentar eventos que podem ser desafiantes ou completamente imaginários e que são impossíveis de experimentar no mundo real. Esta tecnologia é a experiência de viver numa realidade que não existe de facto ou que pode estar localizada algures mas que, por alguma razão, não está disponível. Por exemplo, o mergulho, que não é possível para toda a gente. A realidade virtual baseia-se num conjunto de ferramentas especiais, tais como óculos de realidade virtual, auscultadores, luvas tácteis, que estão agora disponíveis ao público. Estas ferramentas apresentam imagens ou vídeos através dos auscultadores e do sistema de áudio e tentam criar um ambiente completamente real para o utilizador. Por exemplo, o utilizador pode sentir a realidade virtual com as suas mãos, mover o objeto ou até tocar guitarra utilizando as luvas virtuais. A realidade aumentada é uma tecnologia que permite adicionar objectos virtuais e informações digitais ao vivo no ambiente real do utilizador. Por outras palavras, ao utilizar a RA, o utilizador pode ver informações virtuais no ambiente real que o rodeia. Por exemplo, ao utilizar um smartphone, o utilizador pode ver imagens ou objectos 3D no ambiente real que o rodeia. A realidade virtual é uma tecnologia que muda completamente o utilizador para o mundo virtual através da utilização de dispositivos especiais (como sacos de realidade virtual). Separa-se do mundo real. Na realidade virtual, o utilizador é transferido para um ambiente completamente virtual e toda a sua experiência tem lugar nesse mundo virtual. Por outras palavras, na RV, o utilizador está completamente imerso no mundo virtual e tem uma sensação de controlo total sobre o ambiente. AR é a realidade aumentada que acrescenta informação virtual ao ambiente real. A RV é a realidade virtual que transporta o utilizador para um mundo completamente virtual. Ambas as tecnologias são de grande importância em vários sectores, como os jogos de vídeo, a educação, a medicina, a arquitetura, etc., e têm um grande potencial para melhorar a experiência do utilizador e atualizar várias aplicações e sistemas. AR: Na AR, a informação e os objectos virtuais vivem e são adicionados ao ambiente real do utilizador. O utilizador continua a estar presente no mundo real e as informações virtuais ajudam a ser apresentadas no ambiente real. RV: Na RV, o utilizador é completamente transferido para o mundo virtual e deixa de interagir com o mundo real. O utilizador está imerso num mundo completamente virtual e tem uma sensação de controlo total sobre o ambiente. AR: Para utilizar a AR, normalmente são necessários dispositivos como smartphones, tablets ou óculos de AR que adicionam informações virtuais ao ambiente real. VR: A utilização da VR requer sacos de realidade virtual (auscultadores VR) que transportam o utilizador para o mundo virtual, sendo também utilizados controladores para interagir com o mundo virtual. AR: Na AR, é possível experimentar jogos ou informações virtuais em direto no ambiente real e interagir com objectos virtuais no ambiente real. RV: Na RV, o ambiente é completamente virtual e as suas interações com objectos e seres virtuais ocorrem num mundo virtual. RA: A utilização da RA é predominante em vários sectores, como os jogos de vídeo, a educação, a arquitetura, a publicidade, a orientação e a frota de transportes, etc. RV: É utilizada sobretudo em sectores como os jogos de vídeo, o entretenimento, os truques psicológicos, as simulações e a formação virtual. Em suma, a RA adiciona informações virtuais ao ambiente real e o utilizador permanece no mundo real, enquanto a RV transporta o utilizador para um mundo completamente virtual e este não está presente no mundo real. Cada uma destas tecnologias tem aplicações e vantagens especiais e é utilizada em diferentes domínios. As aplicações da RA (realidade aumentada) e da RV (realidade virtual) são muito vastas em diferentes sectores. De seguida, mencionamos algumas das aplicações destas duas tecnologias: Aplicações da RA (realidade aumentada):Jogos e entretenimento: Criação de jogos de vídeo e experiências de entretenimento através da adição de objectos virtuais ao ambiente real dos utilizadores. Educação e formação interactivas: Proporcionar formação interactiva e em 3D que permita aos utilizadores interagir com objectos virtuais.Orientação e frota de transportes: Criação de programas e aplicações que apresentem informações sobre rotas, orientação e frota de transportes no ambiente real. Arquitetura e design de interiores: fornecimento de modelos 3D de edifícios e designs de interiores a clientes e arquitectos em ambiente real. Experiência de produto: as empresas podem oferecer aos clientes a possibilidade de visualizarem os seus produtos em 3D utilizando a RA.Aplicações da RV (realidade virtual) Jogos e entretenimento: experiência de videojogos totalmente virtual e imersão no mundo dos jogos. Educação e simulações: proporcionar formação virtual e simulações realistas nos domínios da medicina, militar, aviação, condução, etc. Truques psicológicos e experiências casuais de realidade virtual: utilizar a RV como ferramenta de entretenimento e música, concertos, desportos radicais, etc. Marketing mix: utilização da RV como ferramenta de marketing interativo e publicidade com conteúdos 3D. Simulações de carreira e formação em realidade virtual: utilização da RV para formar pessoas para interagirem com ambientes perigosos ou mais difíceis em realidade virtual. Além disso, tanto para a RA como para a RV, estão a ser desenvolvidas novas aplicações e, à medida que as tecnologias avançam, espera-se que as possibilidades e o número de aplicações aumentem. Cada uma destas tecnologias tem um grande potencial para melhorar a experiência do utilizador e a transformação em diferentes indústrias. Além disso, com o avanço das tecnologias e um maior desenvolvimento, estas tecnologias trazem mais aplicações e benefícios para melhorar a experiência do utilizador e promover diferentes indústrias. Tal como muitos outros sectores, a realidade virtual, a realidade aumentada e a tecnologia de realidade mista transformaram o mundo do design de interiores. Desde a arquitetura à decoração de interiores, a RV e as tecnologias relacionadas têm utilizado novas formas de construir o nosso local de trabalho e a nossa vida. A realidade virtual está a tornar-se rapidamente a principal via tecnológica e, em breve, os auscultadores de RV e RA serão tão abundantes como os telefones. Os telemóveis inteligentes são utilizados nos lares americanos. Não é de surpreender que o mundo da arquitetura e da decoração de interiores beneficie desta nova tecnologia, da sua popularidade e da sua ampla e acessível acessibilidade. Para um arquiteto, a RV é um sonho tornado realidade. Até agora, os arquitectos tinham de esperar semanas e meses para ver os resultados do seu trabalho. Os desenhos de um arquiteto num mapa são como as notas musicais que um compositor escreve no papel. Pode ser que o que está desenhado no mapa mostre o ponto de vista de um arquiteto, mas esse ponto de vista não pode ser experimentado na realidade e, para isso, é necessário utilizar tempo, dinheiro e mão de obra especializada. Embora os modelos feitos com base no mapa sejam úteis, não podem substituir a escala real. Uma pequena maquete é mais útil do que um mapa impresso ou um monitor de computador bidimensional, mas não pode expressar o âmbito e a grandeza que os arquitectos procuraram ao conceberem os seus planos. Além disso, a realização de maquetas é dispendiosa e morosa, e não pode ser alterada depois de feita. Por outro lado, a RV proporciona aos utilizadores desenhos à escala real, de forma rápida e económica. Um desenho CAD pode ser imediatamente transferido para o mundo virtual, e uma simulação de boa qualidade é indistinguível da realidade. Os arquitectos podem entrar no que desenharam, ver os pormenores e até fazer alterações ao seu projeto em tempo real. No mundo virtual, tudo é possível, e os arquitectos podem utilizar o software para adicionar ou remover determinados elementos, sem necessidade de mão de obra ou licenças de construção para estas alterações. A indústria da construção sempre foi uma das indústrias digitais mais fracas do mundo. Isto deve-se principalmente ao facto de ser altamente dependente do trabalho manual humano. Tem sido difícil integrar com êxito a tecnologia no trabalho efectuado desta forma. O século XXI trouxe uma verdadeira revolução no avanço da tecnologia, o que levou a mudanças na indústria AEC. A indústria da construção está atualmente a passar por um rápido desenvolvimento tecnológico. A RA (realidade aumentada) é utilizada em todas as etapas do processo de fabrico, que explicarei a seguir. Em primeiro lugar, gostaria de explicar a diferença entre os vários tipos de realidade gerada por computador. Todos os tipos de realidade acima referidos estão incluídos num termo geral chamado "realidade alargada" (XR). A XR é um termo completamente novo e refere-se a todos os ambientes reais e virtuais e às interações homem-máquina criadas pela tecnologia informática e por vários dispositivos móveis. refere-se a O termo realidade aumentada inclui o seguinte: AR - realidade aumentada / VR - realidade virtual

MR - Mixed Reality (realidade mista). A realidade aumentada permite-lhe colocar uma imagem digital no mundo real com um computador ou smartphone. Por outras palavras, a RA enriquece o ambiente com visualizações adicionais. A RA é amplamente utilizada no sector comercial para adicionar informações virtuais à realidade. Essas informações estão associadas a um ponto específico, o chamado "ponteiro". Estes marcadores informam os dispositivos de que um item virtual pertence a uma localização específica. O objeto virtual é sempre apresentado acima do cursor. Como resultado, é possível andar à volta e vê-lo de diferentes ângulos. O método acima descrito coloca frequentemente modelos 3D no mundo real. O objeto da realidade pode ser representado como um modelo 3D de menor escala ou em tamanho real. Estendemos o mundo real através do ecrã de um smartphone ou computador. A sua câmara será utilizada para captar e pré-visualizar a realidade através de objectos virtuais adicionados. A RA refere-se sempre ao mundo real com informação virtual, mas os dois mundos não estão semanticamente ligados - o seu dispositivo não "compreende" o ambiente. A construção está gradualmente a tomar conta do que a tecnologia moderna tem para oferecer. Quer se trate de pequenas inovações (como as ferramentas de gestão de projectos que ajudaram muito os gestores) ou de dispositivos maiores (como os robôs e os veículos automatizados que aumentaram a produtividade). A tecnologia atual mudou o sector para melhor. Embora a realidade aumentada ainda esteja a dar os primeiros passos, provou ser uma ferramenta de construção muito útil. Seguem-se exemplos das suas aplicações. O planeamento de projectos com tecnologia AR, a modelação da informação da construção (BIM) e o software avançado de modelação 3D criaram muitas inovações no processo de conceção e planeamento. Por exemplo, o utilizador pode ver o edifício no seu ambiente real, à escala real, antes de ser construído. Permite que os utilizadores percorram virtualmente os edifícios que ainda estão em construção e vejam se há alguma interferência ou façam alterações sem causar problemas e atrasos. Este tipo de tecnologia ajuda os gestores, empreiteiros e engenheiros destes edifícios a visualizar os efeitos de quaisquer alterações em tempo real. Por sua vez, ajuda a identificar erros e a responder-lhes rapidamente, reduzindo o risco do projeto. Tutoriais O funcionamento de muitas máquinas pesadas e ferramentas complexas pode ser complicado, mas os erros podem ser fatais. Dar formação para treinar os funcionários na utilização de cada peça é essencial. No entanto, normalmente demora horas. A AR pode fornecer instruções diretas apresentadas no ecrã de um tablet ou smartphone. Como resultado, o tempo de inatividade é reduzido, as instruções são mais intuitivas e os custos de formação são mais baixos. Além disso, os funcionários são formados num ambiente seguro, o que permite a formação na operação de maquinaria pesada sem o risco de lesões. O processo de inspeção no local de construção exigia várias pessoas e era realizado manualmente com base em desenhos impressos. E havia muitos erros. Muitas vezes, este trabalho tinha de ser repetido e consumia muito tempo. Mas com a RA, os inspectores podem comparar o modelo BIM com a estrutura real. A RA permite que os inspectores tirem fotografias, tomem notas sobre possíveis problemas e depois integrem-nas no modelo, informações sobre o progresso do projeto em tempo real A RA permite-nos apresentar informações sobre o projeto com o mundo físico. Por exemplo, a localização de tubos, tomadas, interruptores, etc. pode ser acedida diretamente no local de construção. O método de recuperação de dados ajuda a monitorizar e a comparar o projeto com a construção real. A RA também fornece feedback visual sobre o progresso da construção em comparação com o plano. Assim, é possível verificar possíveis atrasos no programa e fazer as correcções necessárias no local, o que ajuda a encontrar problemas, conflitos e inconsistências com os documentos. As instalações existentes podem ser danificadas pela colocação de cabos ou tubagens subterrâneas e pela danificação das condutas de gás durante os trabalhos de construção subterrânea, ou mesmo provocar uma explosão. A RA reduz os riscos fornecendo todas as informações relevantes antes do início dos trabalhos, revelando o trajeto e a profundidade das instalações antes do início da construção e prevenindo os riscos associados a danos nas instalações existentes. Utilização para melhorar a visualização no local. A tecnologia AR permite visualizar os passos de instalação do reforço diretamente no local de construção, sem necessidade de utilizar mapas. Minimiza os erros causados pela má interpretação dos mapas. Permite também uma avaliação exacta da estrutura em tempo real e a sua comparação com o modelo digital. Durante a fase de construção, a RA ajuda os trabalhadores no local a identificar rapidamente quaisquer conflitos e a evitar o retrabalho. Assim, a produtividade da construção aumenta. O facto de as colisões poderem ser detectadas imediatamente e de quaisquer notas ou comentários poderem ser integrados no modelo significa que os atrasos de comunicação podem ser minimizados e os processos de gestão de projectos simplificados. Melhorar. Embora a segurança dos activos seja melhorada pela RA, também tem os seus inconvenientes. Os trabalhadores que utilizam a tecnologia de RA podem estar a olhar demasiado para o ecrã de um tablet ou smartphone para se aperceberem do local onde se encontram. Por exemplo, podem não ver um buraco no chão ou um gancho de guindaste à sua frente. Para beneficiar plenamente da RA, é essencial ter uma ligação estável à Internet. Normalmente, uma localização remota não dispõe de uma boa ligação à Internet. No entanto, algumas aplicações de RA podem funcionar offline. No entanto, é necessária uma colaboração em tempo real para tirar o máximo partido da tecnologia acima referida. No passado, os desenhos em papel eram a base dos projectos de construção e eram muito importantes tanto na fase de planeamento como na de conceção. A tecnologia moderna criou métodos através dos quais a construção entra numa nova geração. Os designers e arquitectos utilizam modelos 3D altamente detalhados, graças aos quais é possível colaborar eficazmente entre diferentes disciplinas. A utilização de realidade aumentada, virtual e mista é o próximo passo da revolução digital na construção. Do papel para o ecrã, dos desenhos planos para os modelos 3D, dos modelos 3D no ecrã para os modelos visíveis no mundo. Todos nós já jogámos jogos virtuais quando éramos crianças. Alguma vez pensou que a ideia subjacente poderia ser utilizada para construir estruturas? Na secção de construção deste artigo, ajuda-nos a compreender o que é a R.A. e a sua aplicação no sector da construção. A tecnologia de realidade virtual é uma tecnologia que integra itens 3D no ambiente do utilizador e os apresenta em tempo real. Trata-se de um tipo de software que é utilizado há muito tempo nos jogos de vídeo. Os dados relativos aos edifícios e às estruturas são integrados em modelos 3D. O utilizador coloca ou usa um dispositivo de realidade aumentada, como óculos, que orienta automaticamente a perspetiva do utilizador. Em tempo real, os dados do edifício são apresentados digitalmente no ambiente físico do utilizador. Trata-se de uma representação tecnologicamente melhorada do ambiente físico natural, criada por componentes visuais digitais, música ou outros estímulos sensoriais. Está a tornar-se cada vez mais popular entre as empresas que lidam com computação móvel e aplicações empresariais. Um dos objectivos críticos da tecnologia de realidade virtual é realçar algum aspeto do mundo físico, aumentar o conhecimento sobre essas caraterísticas e gerar percepções inteligentes. e está disponível que pode ser utilizado em aplicações do mundo real, no âmbito de uma maior recolha e análise de dados. Os grandes volumes de dados podem ser utilizados para ajudar as empresas a tomar melhores decisões e a obter informações sobre os hábitos de compra dos consumidores, entre outras coisas. Construir um país moderno. Os drones e os objectos 3D substituíram as plantas, os planos de arquitetura e os mapas de cena. Além disso, os custos de I&D (investigação e desenvolvimento) na indústria da construção são muitas vezes significativamente mais baixos do que noutros sectores. Raramente excedem 2% das receitas totais. Consequentemente, o sector da construção deve incorporar tecnologia sofisticada nas suas operações diárias. De acordo com esta análise, segundo o U.S. Bureau of Labor Statistics e o U.S. Bureau of Economic Analysis, a produtividade aumentou apenas 2% nos últimos 30 anos. Também fornece aos clientes e engenheiros uma imagem clara de como o projeto será construído. Comunicar com os utilizadores, incluindo mostrar-lhes como visualizar o seu projeto antes da conclusão e permitir-lhes fazer quaisquer ajustes que desejem. Torna o trabalho mais acessível, económico e rápido. A.R. A tecnologia é utilizada para o planeamento de projectos, em que os clientes podem explorar os seus edifícios através de objectos 3D num plano 2D, utilizando software de modelação 3D e de Modelação da Informação da Construção (BIM). Os clientes podem ver o seu edifício mesmo antes da construção e podem acrescentar alterações de acordo com os seus desejos. Até os engenheiros podem antecipar defeitos ou correcções, poupando tempo, reduzindo despesas gerais e envolvendo o cliente no projeto. Os trabalhadores no terreno podem efetuar medições automatizadas do edifício utilizando uma unidade A.R. e compará-las com os modelos de construção especificados. Esta previsão na construção de edifícios garante a eficiência durante o projeto e evita custos de mão de obra adicionais. Se o projeto mudar, podemos não saber que tamanho de janela/porta pode tornar a parede mais atraente. A. R. Os clientes/engenheiros removem e deslocam componentes na vista virtual mesmo antes de iniciarem os trabalhos de construção. Podem resolver erros antes do início dos trabalhos. Os utilizadores de informações sobre o projeto no local podem ver o progresso do projeto e as informações sobre o edifício camada por camada. Colaboração em equipa: Um projeto de construção requer a participação de diferentes equipas, tais como designers, carpinteiros, electricistas, canalizadores, soldadores, etc., do que um edifício. Para ser feito sem falhas. A. R. Permite-nos fazer vídeos e partilhar notas do local de construção com pessoas que não puderam ir ao local de construção.Formação em segurança: O A.R. pode ativar cenários de perigo e formação de equipamento para melhor formar os trabalhadores. Construção subterrânea: Quando são construídos novos cabos ou condutas, existe a possibilidade de atingir uma conduta de gás ou danificar capacidades subterrâneas que podem causar uma explosão. Utilizando a RA, podemos ter todas as informações vitais, como a profundidade, o terreno, os tipos de cabos, etc. Planeamento da disposição da estrutura (SLP): O SLP pode ser alargado às dimensões temporais, para além das dimensões espaciais abrangidas nesta experiência. As aplicações de RA podem ser melhoradas com inteligência para gerar soluções óptimas a partir de um conjunto inicial de soluções propostas pelos membros da equipa. A incorporação de tais algoritmos para ganhar experiência do utilizador no desenvolvimento de soluções iniciais e optimizá-las sistematicamente é um objetivo. O programa pode ser adicionado sem marcadores e com base no rastreio de objectos num estaleiro de construção detalhado, tal como foi feito anteriormente apenas no caso da visualização. Para além disso, pode ser explorada a possibilidade de colaboração remota utilizando o ambiente V.R. O ambiente baseado no mesmo. Os primeiros projectos podem ser concretizados com a R.V. antes de um único trabalhador entrar no local de trabalho. Esta tecnologia é atualmente utilizada pela McCarthy Construction Companies, uma das maiores empresas de construção dos Estados Unidos. Os clientes podem rápida e facilmente efetuar alterações ao design sem incorrer nas despesas e na impossibilidade logística de alterar a construção física. As principais aplicações da R.A. incluem apresentações holográficas de modelos BIM, colaboração entre membros da equipa e imersão em projectos de construção. A utilização de R.V. e fornece modelação 3D, instalações de prototipagem virtual, revisão e análise de modelos virtuais e diligência devida para os clientes, para lhes dar uma sensação real do projeto antes da implementação. Os engenheiros de conceção e as equipas de projeto utilizaram significativamente as referidas instalações em projectos como o Metro de Hyderabad e a Estátua da Unidade do Futuro em Gujarat. Estão atualmente em curso planos para desenvolver métodos de renderização de modelos 3D em R.V. Também pode ser visto fora desses estúdios, em estaleiros de construção, utilizando wearables. Os projectos AEC são complexos e a coordenação e a comunicação entre as equipas e empresas parceiras são fundamentais em todas as fases, desde o início até ao corte da fita. . A RV pode ajudar a tornar este acordo muito acessível. Para começar a trabalhar numa escola secundária de 100 milhões de dólares na Flórida, a empresa de construção V.R. permitiu a realização de reuniões entre quatro equipas de projeto, de campo e de projeto e construção virtuais (VDC), sediadas localmente em Chicago e San Diego. Durante três sessões assistidas por realidade virtual, as equipas minimizaram os pedidos de informação (RFIs), que podem custar mais de $1.000 cada e demoram uma média de oito horas a analisar. Descobriram 32 problemas - quatro dos quais foram classificados como "críticos" - incluindo conflitos de construção difíceis de detetar e omissões que só podiam ser encontradas à escala humana. Outra empresa que lidera um projeto de modernização de laboratórios para o USDA é a V.R. Para reunir equipas dos escritórios de Denver, San Antonio, St. Louis e Merritt Island, Florida, num grupo de trabalho unificado. Louis e Merritt Island, Florida, num grupo de trabalho unificado. A RV ajudou estes membros da equipa a visitar o modelo 3D à escala real do projeto nos seus escritórios e a fazer ajustes antes do início da construção. Esta ferramenta ajudou a evitar alterações tardias no projeto e a reduzir o RFI (Pedido de Informação). Em três horas de sessões de colaboração, os participantes identificaram e resolveram uma média de sete potenciais RFIs por hora. Além disso, a tecnologia de realidade virtual (R.A.) que combina os mundos virtual e real para fornecer uma versão digital e altamente interactiva da realidade mista está também a ser avaliada para utilização em todas as empresas. Reconhecendo a segurança como um foco central da excelência organizacional, as empresas da L&T têm trabalhado para promover uma cultura de segurança ao longo do tempo. Estão a recorrer à tecnologia digital para melhorar os padrões de segurança dos trabalhadores. Uma grande parte desta ação envolve formação e sensibilização para a segurança, sendo utilizadas tecnologias como a realidade virtual (R.V.). Em vários locais, foram desenvolvidos módulos de formação em segurança baseados na realidade virtual para familiarizar os trabalhadores com os perigos de trabalhar em ambientes perigosos. Um dos projectos mais interessantes que a equipa digital iniciou recentemente é a utilização de Realidade Aumentada (RA) com recurso a smart gla. Atualmente, a tecnologia de

RA ainda não está na sua forma mais avançada e os custos de hardware e de licenças de software são significativos. A maioria dos programas de RA centra-se na conceção e na formação em segurança, em vez de na utilização no local. A nível internacional, muitas aplicações de R.A. centram-se na inovação, no restauro e na visualização de edifícios históricos e criam arquivos 3D de edifícios históricos. Quando os engenheiros de obra são vistos a andar de um lado para o outro com HoloLens na cara, ainda estão muito longe. Utilização limitada da R.A. Na indústria da construção, está limitada a espaços de escritórios que lidam com a conceção, apresentação ao cliente e correção e feedback em tempo real. Prevê-se que a indústria de R.A. amadureça até 2040, aumentando o custo e reduzindo o desempenho. Até lá, a indústria dos jogos e a tecnologia de consumo impulsionarão o seu crescimento. A realidade aumentada (AR) e a realidade virtual (VR) são duas tecnologias diferentes, cada uma das quais oferece uma experiência diferente ao utilizador. Realidade virtual (RV): Esta tecnologia permite ao utilizador estar num ambiente falso e completamente virtual utilizando hardware e software especiais. Ao utilizar óculos de realidade virtual, os utilizadores podem ter uma experiência completamente irreal e virtual. Esta tecnologia é utilizada em vários domínios, como a educação, os jogos, a arquitetura e muitos outros. Realidade aumentada (RA): Na tecnologia de realidade aumentada, a informação digital é adicionada ao mundo real do utilizador. De facto, a RA permite que o utilizador interaja com o mundo real, enquanto a informação virtual é adicionada à sua experiência. Exemplos desta tecnologia são aplicações como o Pokemon Go ou os filtros que vemos no Instagram e no Snapchat. Bem-vindo ao Persian Elite, uma joia no mundo dos canais de sinais de criptomoeda! A adesão a este canal não só lhe dá acesso a 180 fontes de sinais de topo e fiáveis, mas também o leva a um nível mais elevado de sinais de negociação de futuros e sinais de forex estrangeiros. Conselhos de especialistas do mercado financeiro nas áreas de autenticação Binance, Kocoin, estratégias de gerenciamento de portfólio e técnicas para aumentar os lucros, percorrer seu caminho para o sucesso com passos firmes. Persian Elite é a chave para uma porta de oportunidades infinitas. Ambiente: A RV transporta o utilizador para um ambiente completamente virtual, enquanto a RA adiciona informação virtual ao mundo real do utilizador. Equipamento: Para experimentar a RV, o utilizador precisa de hardware especial, como os óculos de RV. A RA pode ser executada em dispositivos móveis e tablets. Ligação com o mundo real: Em RV, o utilizador não tem qualquer ligação com o mundo real. Em AR, o utilizador pode interagir com o que o rodeia. Aplicações: A RV é principalmente utilizada em jogos e na educação, enquanto a RA é utilizada em marketing, educação, jogos e muitos outros domínios. Realidade aumentada (A realidade aumentada (RA) é uma tecnologia que combina informação digital (como imagens, sons, vídeos e textos) com o nosso mundo real. Isto faz com que pareça que esta informação digital faz parte do que nos rodeia no mundo real. Por exemplo, a aplicação Pokemon Go é um exemplo de realidade aumentada, em que podemos ver Pokemon digitais no nosso ambiente real. Ou, como outro exemplo, os filtros que vemos no Instagram e no Snapchat, que permitem adicionar efeitos digitais ao rosto ou ao ambiente circundante sob a forma de vídeo ou imagens. A RA pode ser utilizada em muitos domínios, como a educação, os jogos, a engenharia, a medicina, o marketing e muitos outros. Por exemplo, no domínio da medicina, as cirurgias podem ser simuladas utilizando a RA ou, no domínio do marketing, os produtos podem ser apresentados de forma tridimensional. Normalmente, para experimentar a realidade aumentada, são utilizados dispositivos como smartphones, tablets ou óculos especiais. Os programas de realidade aumentada combinam informação digital com o mundo real, utilizando a câmara destes dispositivos. A realidade aumentada (RA) tem muitas vantagens que a tornaram utilizada em muitas indústrias e sectores diferentes. Algumas dessas vantagens incluem: Educação: A RA pode ser muito útil na criação de experiências educativas interactivas. Pode ajudar a tornar conceitos complexos mais intuitivos e compreensíveis. Indústria retalhista: A AR pode ajudar os clientes a verem os produtos antes de os comprarem. Por exemplo, algumas aplicações de retalho permitem-lhe "pré-visualizar" mobiliário no seu espaço.

Engenharia e construção: A AR pode ajudar os engenheiros a ver e a interagir com desenhos e modelos em 3D. Saúde e medicina: A RA na medicina pode ajudar os médicos a simular cirurgias. fazer ou utilizar para formação.

Jogos: Os jogos de RA, como o Pokemon Go, elevam a experiência de jogo a um novo nível, combinando o mundo real e o mundo digital. Maior interação e experiência do utilizador: A RA permite que os utilizadores interajam digitalmente com o ambiente que os rodeia. Publicidade e marketing: A RA é uma ferramenta poderosa para a publicidade e o marketing, que pode ser utilizada para fornecer informações adicionais, imagens ou vídeos interactivos aos clientes. Como qualquer outra tecnologia, a realidade aumentada também pode ter os seus próprios desafios e problemas, incluindo questões relacionadas com a privacidade, a segurança e a necessidade de uma tecnologia robusta para executar aplicações de RA de alta qualidade. A realidade aumentada (RA), como qualquer outra tecnologia, tem as suas próprias desvantagens e desafios. Apresentamos de seguida algumas dessas desvantagens e desafios: Limitações de hardware: Para executar aplicações de realidade aumentada de alta qualidade, são necessários dispositivos com elevado poder de processamento. Consequentemente, os dispositivos mais antigos e de baixa potência podem não ser capazes de as executar corretamente. Questões de privacidade: A realidade aumentada pode recolher informações de localização, imagens e outros dados que podem violar a privacidade dos utilizadores. Necessidade de melhoria Experiência do utilizador: A experiência do utilizador em aplicações de realidade aumentada pode ainda não estar suficientemente optimizada, o que pode causar confusão ou cansaço no utilizador. Questões de segurança: Como qualquer outra aplicação digital, as aplicações de realidade aumentada também podem ser alvo de ataques informáticos. Ambiente real: A utilização da realidade aumentada pode, em alguns casos, causar distração ou perda de concentração no ambiente real, especialmente ao conduzir ou caminhar em ambientes movimentados. Problemas de saúde: A utilização prolongada de dispositivos de realidade aumentada pode causar fadiga ocular ou outras limitações tecnológicas: a precisão e a estabilidade do reconhecimento da localização ou das imagens podem ainda não estar suficientemente normalizadas em algumas aplicações de realidade aumentada. Questões económicas: o desenvolvimento e o funcionamento das aplicações de realidade aumentada podem ser dispendiosos, o que pode dificultar a sua promoção e adoção mais generalizada pela sociedade, que necessita que sejam rentáveis. Apesar das desvantagens mencionadas, a realidade aumentada continua a ser uma das áreas mais poderosas e em crescimento no domínio da tecnologia e, com melhorias contínuas, muitos destes desafios poderão ser resolvidos ao longo do tempo. A Realidade Virtual (RV) é uma tecnologia que permite ao utilizador participar num ambiente digital e virtual em 3D. Este ambiente é normalmente criado através de software especial e apresentado ao utilizador através de dispositivos como auscultadores de realidade virtual, luvas e outros equipamentos de entrada. Imersão: A realidade virtual coloca o utilizador num ambiente completamente artificial. Este ambiente pode ser semelhante ao mundo real ou completamente imaginário e fantasioso. Interativo: O utilizador pode interagir com o ambiente de realidade virtual, nomeadamente através da utilização de vários dispositivos de entrada, como comandos, luvas e até olhares. Experiencial: Utilizando a realidade virtual, os utilizadores podem viver experiências que são impossíveis no mundo real. Por exemplo, voar no espaço, participar numa aventura subaquática ou visitar locais históricos. Sentido de macaco: Na realidade virtual, o utilizador sente que está realmente presente nesse ambiente, mesmo que esteja fisicamente noutro lugar. As aplicações da realidade virtual incluem, entre outras, a educação, o entretenimento, o design e a arquitetura, a medicina, as simulações industriais e outras. Devido à evolução tecnológica, prevê-se que as aplicações e os efeitos da realidade virtual se expandam nos próximos anos. A realidade virtual (RV) tem várias vantagens significativas que fizeram com que esta tecnologia fosse utilizada em vários domínios, como o entretenimento, a educação, o design e a medicina. De seguida, apresentamos algumas das vantagens da realidade virtual: Experiências envolventes: A RV permite que os utilizadores participem em ambientes que não são acessíveis no mundo real. Estes podem incluir locais distantes, mundos imaginários ou cenários históricos. Aprendizagem prática: A RV pode ser uma ferramenta poderosa para a educação, uma vez que permite simulações práticas, como uma cirurgia ou pilotar um avião, sem quaisquer riscos reais. Interatividade: com a realidade. Virtualmente, os utilizadores podem interagir com o ambiente e os seus componentes, tornando a experiência de acções e reacções muito mais realista e eficaz. Eliminação das limitações físicas: A RV permite que as pessoas que não podem viajar ou aceder a locais devido a problemas físicos ou outros obstáculos. A RV permite-lhes beneficiar de experiências diferentes. Desenvolvimento de competências: Através da realidade virtual, podem ser efectuados exercícios e simulações especiais que ajudam a desenvolver competências e a aumentar as capacidades individuais. Redução de custos: Em muitos domínios, a utilização da realidade virtual pode reduzir custos como viagens, formação reduzida ou equipamento real. Reuniões e encontros virtuais: Com a RV, as pessoas podem participar em reuniões e encontros virtuais, mesmo que estejam a milhares de quilómetros de distância umas das outras. Fornece produtos e edifícios, o que pode ser muito útil no processo de conceção e investigação. Bem-estar e entretenimento: Os jogos, as visitas virtuais e as experiências de realidade virtual podem ser fontes significativas de entretenimento e diversão. Tendo em conta as vantagens acima referidas, a realidade virtual é considerada uma das tecnologias de ponta das últimas décadas e espera-se que, com melhorias contínuas, esta tecnologia venha a desempenhar um papel mais importante nas nossas vidas no futuro. Além disso, como qualquer outra tecnologia, a realidade virtual (RV) também tem as suas desvantagens e limitações. Seguem-se algumas dessas desvantagens: Efeitos físicos: Alguns utilizadores referiram dores de cabeça, cansaço visual, náuseas e tonturas após a utilização de dispositivos de realidade virtual. Custo elevado: Os dispositivos de realidade virtual, especialmente os modelos avançados, podem ser caros. Além disso, nem todas as pessoas têm acesso fácil a eles. Necessidade de espaço adequado: Alguns sistemas de RV requerem um espaço amplo e adequado para uma implementação óptima. Questões técnicas: Como qualquer nova tecnologia, pode apresentar problemas técnicos e defeitos de hardware ou sensação de separação do mundo real: A utilização contínua da RV pode levar a um sentimento de separação do mundo real e a uma menor atenção ao ambiente circundante. Vício: Tal como os jogos de computador, a RV pode ser viciante e levar a uma diminuição das actividades diárias e da comunicação. social. Limitações de hardware: A tecnologia de RV ainda está em desenvolvimento e muitos dispositivos têm limitações, como a resolução da imagem ou a resposta aos movimentos do utilizador. Limitações de software: As aplicações e os conteúdos de RV ainda não estão suficientemente desenvolvidos e são limitados. Questões de segurança: com A expansão da utilização da realidade virtual suscitou preocupações quanto à segurança da informação e à privacidade dos utilizadores. Efeitos psicológicos: A utilização excessiva da realidade virtual pode ter efeitos psicológicos, incluindo sentimentos de isolamento, depressão ou ansiedade. Apesar destas desvantagens, a realidade virtual é uma tecnologia de ponta que está a melhorar e a resolver estes problemas com melhorias contínuas. No entanto, é preferível que os utilizadores utilizem esta tecnologia com consciência e atenção aos problemas de saúde e mentais. A realidade aumentada (RA) e a realidade virtual (RV) são duas tecnologias que ajudam a melhorar as experiências digitais dos utilizadores. Mas as duas funcionam de formas diferentes e têm utilizações e caraterísticas únicas. A seguir, comparei as caraterísticas e diferenças destas duas tecnologias: Realidade virtual (RV): Na realidade virtual, o utilizador entra num ambiente completamente virtual e digital criado por um computador. Realidade aumentada (RA): Na realidade aumentada, as informações digitais (como imagens, vídeos ou sons) são adicionadas ao ambiente real do utilizador. RV: requer dispositivos especiais, como os auscultadores de realidade virtual, como o Oculus Rift ou o HTC Vive. AR: pode ser implementada em dispositivos móveis, tablets e até em óculos como o Google Glass. Experiência do utilizador em RV: o utilizador está completamente separado do mundo real e imerso no mundo virtual. AR: o utilizador está ligado ao mundo real, mas a informação digital é adicionada à experiência. Utilizações comuns da RV: jogos, simuladores, educação, meditação e experiências de entretenimento. RA: jogos para telemóvel (como Pokemon Go), educação, design de interiores, compras em linha e medicina. Interação com o ambiente RV: a interação com o ambiente é totalmente digital. AR: interação com o ambiente real, mas com elementos digitais adicionados. A sensação de presença em RV: a sensação de estar num ambiente completamente novo e virtual. AR: a sensação de estar num ambiente real com elementos adicionados. Por último, tanto a realidade virtual como a realidade aumentada são tecnologias complementares que podem ser utilizadas consoante a necessidade e a aplicação. A RV é mais adequada para experiências totalmente imersivas e a RA para acrescentar informação digital ao mundo real. A realidade aumentada (RA) e a realidade virtual (RV) são duas tecnologias que são por vezes confundidas, mas que têm diferenças distintas. De seguida, examinamos as suas principais diferenças: Ambiente: RV (realidade virtual): transporta o utilizador para um ambiente completamente virtual criado pelo computador. AR (realidade aumentada): elementos digitais e virtuais são adicionados ao ambiente real. Equipamento :VR: Requer auscultadores de realidade virtual como o Oculus Rift, HTC Vive ou PlayStation VR. AR: Pode ser executado em dispositivos móveis e tablets, e existem óculos especiais para o efeito, como o Google Glass. Experiência do utilizador: RV: Separa-se completamente do ambiente real e transfere-o para o mundo virtual. AR: Permite ao utilizador ver o ambiente real, mas com elementos digitais adicionados. Utilizações: RV: Utilizada maioritariamente em jogos, simuladores, entretenimento e experiências educativas. AR: Utilizações: Existe em vários domínios, como a publicidade, os jogos, a educação e o design de interiores. Interação com o ambiente: RV: Muitas vezes a interação com o ambiente é completamente digital. RA: interação com o ambiente real, com o efeito de elementos digitais adicionados. Estas duas tecnologias, apesar das suas diferenças, podem ser utilizadas de forma complementar em muitos sectores e aplicações. A realidade aumentada (RA) e a realidade virtual (RV), apesar de apresentarem algumas diferenças, partilham também uma série de semelhanças: Tecnologia baseada na experiência: Ambas as tecnologias centram-se na experiência do utilizador e têm como objetivo melhorar a experiência da realidade.Interação com o mundo digital: Ambas as tecnologias permitem aos utilizadores interagir com o mundo digital, quer com elementos adicionados ao ambiente real (em RA), quer com um ambiente completamente virtual (em RV). Equipamento semelhante: Alguns equipamentos podem ser utilizados tanto em RV como em RA. Por exemplo, rastreadores de movimento, gamepads ou mesmo alguns auscultadores. Avanço na indústria tecnológica: Com os recentes avanços tecnológicos, ambas as tecnologias estão a ser desenvolvidas e melhoradas, e muitas grandes empresas de tecnologia fizeram investimentos significativos no desenvolvimento de ambas as tecnologias. Aplicações comerciais e industriais: Ambas as tecnologias são utilizadas em muitas indústrias, como a saúde, a educação, os jogos, o design e o fabrico, e a arquitetura. Objectivos semelhantes: Em última análise, ambas as tecnologias têm como objetivo aumentar a interação do utilizador com o mundo digital, aumentar a realidade e mergulhar o utilizador em experiências. são concebidas de forma diferente. Embora a RA e a RV tenham diferenças e semelhanças, ambas as tecnologias têm um grande potencial para mudar e revolucionar a forma como interagimos com o mundo digital e real. Metaverso é um conceito que está a emergir gradualmente no mundo da tecnologia. é uma formação e refere-se a um mundo virtual e interativo que é criado a partir da combinação de realidade aumentada (RA), realidade virtual (RV), tecnologias 3D, redes sociais, jogos de vídeo e outras tecnologias. De facto, o metaverso é um mundo virtual mais vasto. Isto significa que inclui todos os componentes da realidade aumentada e da realidade virtual e que os utilizadores podem aceder-lhe através de diferentes dispositivos. A relação entre Metaverso e RA e RV é importante de duas formas: Experiência avançada do utilizador: O Metaverso permite que os utilizadores participem num mundo digital amplo e interativo. Através de dispositivos de RA e RV, os utilizadores entram neste mundo virtual e interagem com personagens, objectos e ambientes virtuais. Por outras palavras, o Metaverso permite que os utilizadores tenham uma experiência mais ampla e mais realista do mundo virtual. Tecnologias de base: Para criar o Metaverso, são necessárias tecnologias complexas como a RA e a RV. A partir da combinação destas tecnologias, o mundo virtual é criado, incluindo os componentes da realidade aumentada e da realidade virtual. Estas tecnologias são criadas e optimizadas para que os utilizadores possam interagir em ambientes virtuais e viver novas experiências. Em geral, o Metaverso é a intersecção de diferentes tecnologias, incluindo a RA e a RV, que permite aos utilizadores experimentar um vasto mundo virtual e participar interactivamente. Este conceito está a evoluir e pode sofrer grandes alterações e desenvolvimentos no futuro. A tecnologia de realidade virtual (RV) é utilizada em muitos domínios e indústrias como uma das inovações mais importantes no mundo da tecnologia. Esta tecnologia permite aos utilizadores escapar para o mundo virtual e viver experiências novas e maravilhosas. Seguem-se algumas das principais utilizações da tecnologia de RV: Jogos de vídeo: Uma das principais utilizações da RV é no mundo dos jogos de vídeo. Ao utilizar dispositivos de realidade virtual, os utilizadores entram no mundo virtual e participam nos ambientes interactivos dos jogos de realidade. Esta experiência faz com que os jogadores se liguem ao mundo do jogo de uma forma mais profunda. Ensino e formação simulados: A tecnologia RV permite que professores e alunos realizem experiências educativas em ambientes simulados. Isto é especialmente útil em domínios como a medicina, a engenharia e a formação industrial: Utilizando a RV, as pessoas podem viajar para diferentes destinos turísticos e ter experiências semelhantes às de viajar na realidade em ambientes virtuais. Isto é especialmente útil para pessoas que não podem viajar devido a limitações físicas ou financeiras. Experiências musicais e artísticas: Os artistas e músicos utilizam a tecnologia de RV para criar experiências interactivas e artísticas. Esta tecnologia permite às pessoas experimentar a arte em ambientes virtuais com efeitos de áudio e vídeo. Visualização e experiência de ambientes virtuais: A tecnologia RV é utilizada em áreas como a reparação técnica, a arquitetura, o design ambiental e até em tratamentos psicológicos. As pessoas podem verificar diferentes modelos e amostras em ambientes virtuais e obter experiências reais semelhantes. Experiências sociais: Utilizando a tecnologia de RV, as pessoas podem interagir com outras pessoas em ambientes virtuais. Isto é especialmente importante em alturas em que não há oportunidade de estar em locais físicos. Investigação científica: Em alguns campos de investigação, como simulações de investigação ou experiências científicas que requerem condições especiais, a RV permite aos investigadores realizar experiências mais precisas e controladas. Atualmente, a tecnologia de realidade virtual tem sido aplicada numa vasta gama de domínios e, com o desenvolvimento futuro, é provável que surjam novas aplicações. A realidade virtual social (RV social) é um ramo da tecnologia de realidade virtual (RV) que cria ambientes virtuais para interações sociais e troca de informações entre pessoas. Nestes ambientes, os utilizadores transformam-se nas suas personagens e representantes virtuais, utilizando dispositivos de realidade virtual, e podem interagir com outras pessoas no mundo virtual. A realidade virtual social funciona como uma nova plataforma de interação social no espaço virtual e permite que os utilizadores tenham experiências sociais de uma forma mais interactiva do que os métodos tradicionais, como chamadas telefónicas ou mensagens. Nestes ambientes, as pessoas podem interagir com outros utilizadores sob a forma de personagens virtuais com identidades, caraterísticas e interações reais ou imaginárias. Algumas das caraterísticas e aplicações da realidade virtual social são Experimente interações mais realistas: Na realidade virtual social, os utilizadores podem interagir com as suas personagens virtuais de uma forma tridimensional e mais realista do que as interações de texto ou voz nas redes sociais normais: Nos momentos em que não é possível realizar reuniões presenciais, a realidade virtual social permite realizar reuniões interactivas em ambientes virtuais. Pode ser útil para aplicações comerciais, educativas ou de entretenimento. Actividades de lazer e recreio: As pessoas podem jogar jogos com outras pessoas em ambientes virtuais, assistir a concertos, organizar festas ou mesmo viajar para atracções e locais turísticos virtuais. Aprendizagem: A realidade virtual social permite que professores e alunos realizem experiências educativas em ambientes virtuais. Isto é especialmente útil em áreas como a formação de competências técnicas ou a formação simulada. Intercâmbio de informações e experiências: Na realidade virtual social, as pessoas podem partilhar experiências, histórias, vídeos e vários conteúdos com outras pessoas e dar opiniões em ambientes interactivos. Em geral, a realidade virtual social permite que as pessoas tenham experiências sociais e troquem informações de uma forma nova e atractiva, criando ambientes interactivos e sociais no espaço virtual. Esta tecnologia está constantemente a ser desenvolvida e, de acordo com os desenvolvimentos futuros, surgirão também novas aplicações.

Referências

M. Akinlolu, T.C. Haupt, D.J. Edwards, F. Simpeh, Uma revisão bibliométrica do status e tendências emergentes de pesquisa em tecnologias de gestão de segurança de construção, International Journal of Construction Management (2020) 1-13.

O.G.D. Cruz, J.S. Dajac, Realidade virtual (RV): uma revisão sobre a sua aplicação na segurança da construção, Turkish Journal of Computer and Mathematics Education (TURCOMAT) 12 (11) (2021) 3379-3393.

Z. Zhou, J. Irizarry, Q. Li, Applying advanced technology to improve safety management in the construction industry: a literature review, Construct. Manag.Econ. 31 (6) (2013) 606-622.

D. Zhao, J. Lucas, Virtual reality simulation for construction safety promotion, Int. J. Inj. Contr. Safl. Promot. 22 (1) (2014) 57-67, https://doi.org/10.1080/17457300.2013.861853.

M. Kassem, L. Benomran, J. Teizer, Ambientes virtuais para aprendizagem de segurança na construção e engenharia: buscando evidências e identificando lacunas para pesquisas futuras. Vis. in, Eng 5 (2017) 16. https://doi.org/10.1186/s40327-017-0054-1.

I. Awolusi, E. Marks, M. Hallowell, Tecnologia vestível para monitorização e tendências de segurança de construção personalizada: Revisão dos dispositivos aplicáveis, Automação na Construção 85 (2018) 96-106, https://doi.org/10.1016/j.autcon.2017.10.010.

V. Getuli, P. Capone, A. Bruttini, S. Isaac, Realidade virtual imersiva baseada em BIM para o planeamento do espaço de trabalho na construção: Uma abordagem orientada para a segurança, Automação na Construção 114 (2020) 103160, https://doi.org/10.1016/j.autcon.2020.103160.

I. Awolusi, C. Nnaji, E. Marks e M. Hallowell, Melhorar a monitorização da segurança da construção através da aplicação da Internet das coisas e de dispositivos de deteção vestíveis: A Review, em Computing in Civil Engineering 2019: Data, Sensing, and Analytics, (2019) pp. 530-538.

S. Grassini e K. Laumann, Evaluating the use of Virtual Reality in Work Safety: A Literature Review, em Proceedings of the 30th European Safety and Reliability Conference and the 15th Probabilistic Safety Assessment and Management Conference, Trondheim, Noruega, 2020, pp. 4964-4971. DOI: 10.3850/978-981-14-8593-0_3975-cd.

M. Afzal, M. T. Shafiq e H. A. Jassmi, Melhorando a segurança da construção com tecnologias de construção de design virtual - uma revisão, ITcon, vol. 26, pp. 319-340, (2021). [Online]. Disponível: http://www.itcon.org/2021/18. DOI: 10.36680/j.itcon.2021.018.

G.M. Tawfik, K.A.S. Dila, M.Y.F. Mohamed, D.N.H. Tam, N.D. Kien, A.M. Ahmed,N.T. Huy, A step by step guide for conducting a systematic review and metaanalysis with simulation data, Trop. Med. Saúde 47 (1) (2019) 1-9, https://doi.org/10.1186/s41182-019-0165-6.

S.F. Abdulai, G. Nani, R. Taiwo, P. Antwi-Afari, T. Zayed, A.O. Sojobi, Modelando a relação entre as barreiras da economia circular e os motores para, Build.Environ. 254 (novembro de 2023) (2024) 111388, https://doi.org/10.1016/j.buildenv.2024.111388.

R. Taiwo, M.E.A. Ben Seghier, T. Zayed, Towards sustainable water infrastructure : the state-of-the-art for modeling the failure probability of water pipes, Water Resour. Res. 59 (4) (2023).

R. Taiwo, I.A. Shaban, T. Zayed, Development of sustainable water infrastructure:a proper understanding of water pipe failure, J. Clean. Prod. 398 (2023), https://doi.org/10.1016/j.jclepro.2023.136653.

S. Tariq, Z. Hu, T. Zayed, Tecnologias baseadas em sistemas microeletromecânicos para deteção e localização de fugas em redes de abastecimento de água: uma revisão bibliométrica e sistemática, J. Clean. Prod. 289 (2021) 125751, https://doi.org/10.1016/j.jclepro.2020.125751.

I.T. Bello, S. Zhai, Q. He, Q. Xu, M. Ni, Revisão cienciométrica dos avanços no desenvolvimento de cátodo de alto desempenho para células de combustível de óxido sólido de temperatura baixa e intermédia: três décadas em retrospetiva, Int. J. Hydrogen Energy 46 (52) (2021) 26518-26536, https://doi.org/10.1016/j.ijhydene.2021.05.134.

N. Xia, Q. Xie, M.A. Griffin, G. Ye, J. Yuan, Antecedentes do comportamento de segurança na construção: uma revisão da literatura e um quadro concetual integrado, Accid.Anal. Prev. 148 (março) (2020) 105834, https://doi.org/10.1016/j.aap.2020.105834.

C. Debrah, A.P.C. Chan, A. Darko, Inteligência artificial na construção verde, Autom.ConStruct. 137 (janeiro) (2022) 104192, https://doi.org/10.1016/j.autcon.2022.104192.

X. Zou, H.L. Vu, H. Huang, Fifty years of accident analysis & prevention: a bibliometric and scientometric overview, Accid. Anal. Prev. (2020) 144, https://doi.org/10.1016/j.aap.2020.105568. junho de 2019.

T.A. Mikropoulos, A. Natsis, Educational virtual environments: a ten-year review of empirical research (1999-2009), Comput. Educ. 56 (3) (2011) 769-780,https://doi.org/10.1016/j.compedu.2010.10.020.

F. Buttussi, L. Chittaro, Effects of different types of virtual reality display on presence and learning in a safety training scenario, IEEE Trans. Visual. Comput.Graph. 24 (2) (2018) 1063-1076.

P. Milgram, H. Colquhoun, A taxonomy of real and virtual world display integration, Mixed reality: Merging real and virtual worlds 1 (1999) (1999) 1-26.

K.S. Hale, K.M. Stanney (Eds.), Handbook of Virtual Environments: Design, Implementation, and Applications, CRC Press, 2014.

A.F. Waly, W.Y. Thabet, Um ambiente de construção virtual para o planeamento da pré-construção, Autom. ConStruct. 12 (2) (2003) 139-154.

G. Makransky, G.B. Petersen, The cognitive-affective model of immersive learning(CAMIL): a theoretical research-based model of learning in immersive virtual reality, Educ. Psychol. Rev. 33 (3) (2021) 937-958.

A. Albert, M.R. Hallowell, B. Kleiner, A. Chen, M. Golparvar-Fard, Enhancing construction hazard recognition with high-fidelity augmented virtuality,J. Construct. Eng. Manag. 140 (7) (2014) 04014024.

P.X. Zou, P. Lun, D. Cipolla, S. Mohamed, Sistema de informação e comunicação de segurança baseado na nuvem na construção de infra-estruturas, Saf. Sci. 98 (2017) 50-69.

[3] Y. Mo, D. Zhao, J. Du, W. Liu, A. Dhara, abordagem orientada por dados para a determinação de cenários para treinamento de segurança de construção baseado em VR, em: Anais do Congresso de Pesquisa em Construção, 2018, pp. 116-125.

C. Okonkwo, I. Okpala, I. Awolusi, C. Nnaji, Ultrapassar as barreiras à implementação de um sistema de gestão da segurança inteligente no sector da construção, Results in Engineering 20 (setembro) (2023) 101503, https://doi.org/10.1016/j.rineng.2023.101503.

C.-S. Park, H.-J. Kim, A Framework for construction safety management and visualization system, Autom. ConStruct. 33 (2013) 95-103.

A. Albert, M.R. Hallowell, Métodos de reconhecimento de perigos na indústria da construção, em: Construction Research Congress 2012: Desafios da construção num mundo plano, 2012, pp. 407-416.

S. Bahn, Identificação e gestão de riscos no local de trabalho: o caso de uma operação de mineração subterrânea, Saf. Sci. 57 (2013) 129-137.

I. Jeelani, A. Albert, J.A. Gambatese, Porque é que os riscos de construção não são reconhecidos na interface de trabalho? J. Construct. Eng. Manag. 143 (5) (2017)04016128.

I. Jeelani, K. Han, A. Albert, Desenvolvimento de ambiente de treinamento personalizado imersivo para trabalhadores da construção civil, em: Computação em Engenharia Civil 2017,2017, pp. 407-415.

H.H. Choi, H.N. Cho, J.W. Seo, Risk assessment methodology for underground construction projects, J. Construct. Eng. Manag. 130 (2004) 258-272.

K. Arifin, M.A. Ahmad, A. Abas, M.X. Mansor Ali, Revisão sistemática da literatura: caraterísticas dos riscos de espaços confinados no sector da construção, Results in Engineering 18 (novembro de 2022) (2023) 101188, https://doi.org/10.1016/j.rineng.2023.101188.

M. Afzal, M.T. Shafiq, H. Al Jassmi, Improving construction safety with virtualdesign construction technologies-a review, J. Inf. Technol. Construct. 26 (18)(2021) 319-340.

R.E. Pereira, H.F. Moore, M. Gheisari, B. Esmaeili, Desenvolvimento e teste de usabilidade de um ambiente panorâmico de realidade aumentada para treinamento de segurança contra risco de queda, em: Avanços em Informática e Computação em Engenharia Civil e de Construção, Springer, Cham, 2019, pp. 271-279.

W.S.Y. Dolphin, A.A.M. Alshami, S. Tariq, V. Boadu, S.R. Mohandes, T. Ridwan,T. Zayed, Eficácia das políticas e dificuldades na melhoria do desempenho de segurança das obras de reparação, manutenção, pequenas alterações e adições em Hong Kong, International Journal of Construction Management 0 (0) (2021)1-30, https://doi.org/10.1080/15623599.2021.1935130.

M.S. Raza, B.A. Tayeh, T.H. Ali, As obrigações do proprietário na promoção da saúde e segurança no trabalho na pré-construção de projectos: um ponto de vista da literatura, Results in Engineering 16 (November) (2022) 100779, https://doi.org/10.1016/j.rineng.2022.100779.

R.M. Choudhry, D. Fang, S.M. Ahmed, Gestão da segurança na construção: melhores práticas em Hong Kong, J. Prof. Issues Eng. Educ. Pract. 134 (1) (2008) 20-32.

J.M.D. Delgado, L. Oyedele, P. Demian, T. Beach, A research agenda for augmented and virtual reality in architecture, engineering, and construction,Adv. Eng. Inf. 45 (2020) 101122.

Pesquisa e Mercados, Realidade Aumentada e Mercado de Realidade Virtual por Oferta (Hardware e Software), Tipo de Dispositivo (HMD, HUD, Dispositivo Portátil, Rastreamento de Gestos), Aplicação (Empresa, Consumidor, Comercial, Saúde, Automotivo) e Geografia - Previsão Global para 2023, 2018.

Ups, UPS Enhances Driver Safety Training with Virtual Reality, 2019.

J. Whyte, Industrial applications of virtual reality in architecture and construction (Aplicações industriais da realidade virtual na arquitetura e construção), J. Inf. Technol. Construct. 8 (4) (2003) 43-50.

H.F. Moore, M. Gheisari, Uma revisão das aplicações de realidade virtual e mista na literatura sobre segurança na construção, Saf. Now. 5 (3) (2019) 51.

S. Bhoir, B. Esmaeili, Revisão do estado da arte das aplicações do ambiente de realidade virtual na segurança da construção, AEI 2015 (2015) 457-468.

H. Guo, Y. Yu, M. Skitmore, Visualization technology-based construction safety management: a review, Autom. ConStruct. 73 (2017) 135-144.

X. Li, W. Yi, H.L. Chi, X. Wang, A.P.C. Chan, Uma revisão crítica das aplicações de realidade virtual e aumentada (VR/AR) na segurança da construção, Autom.ConStruct. 86 (2018) 150-162.

P. Wang, P. Wu, J. Wang, H.L. Chi, X. Wang, Uma análise crítica da utilização da realidade virtual no ensino e formação em engenharia de construção, Int. J. Environ. Res.Publ. Saúde 15 (6) (2018) 1204.

M. Mihi'c, M. Vukomanovi'c, I. Zavrˇski, Revisão das aplicações anteriores de tecnologias de informação inovadoras na Organização CHS, Tecnologia e Gestão na Construção: um Jornal Internacional 11 (1) (2019) 1952-1967.

M. Zhang, R. Shi, Z. Yang, Uma revisão crítica da monitorização da saúde e segurança no trabalho baseada na visão dos trabalhadores dos estaleiros de construção, Saf. Sci. 126 (2020) 104658.

J.J. Cummings, J.N. Bailenson, How immersive is enough? Uma meta-análise do efeito da tecnologia imersiva na presença do utilizador, Media Psychol. 19 (2) (2016) 272-309.

R. Sacks, A. Perlman, R. Barak, Formação em segurança na construção utilizando realidade virtual imersiva, Construct. Manag. Econ. 31 (9) (2013) 1005-1017.

M. Setareh, D.A. Bowman, A. Kalita, Desenvolvimento de um sistema de análise estrutural de realidade virtual, J. Architect. Eng. 11 (4) (2005) 156-164.

R. Sacks, E. Pikas, Building information modeling education for construction engineering and management. I: requisitos da indústria, estado da arte e análise de lacunas, J. Construct. Eng. Manag. 139 (11) (2013) 04013016.

J.N. Bailenson, N. Yee, J. Blascovich, A.C. Beall, N. Lundblad, M. Jin, A utilização da realidade virtual imersiva na aprendizagem das ciências: transformações digitais de professores, alunos e contexto social, J. Learn. Sci. 17 (1) (2008) 102-141.

H. Bae, M. Golparvar-Fard, J. White, Image-based localization and content authoring in structure-from-motion point cloud models for real-time field reporting applications, J. Comput. Civ. Eng. 29 (4) (2015) B4014008.

C.H. Chen, J.C. Yang, S. Shen, M.C. Jeng, A desktop virtual reality earth motion system in astronomy education, Journal of Educational Technology & Society 10 (3) (2007) 289-304.

J.R. Li, L.P. Khoo, S.B. Tor, Desktop virtual reality for maintenance training: an object-oriented prototype system (V-REALISM), Comput. Ind. 52 (2) (2003) 109-125.

A. Sawhney, J. Marble, A. Mund, A. Vamadevan, Sistema de aprendizagem interativo de gestão da construção baseado na Internet, em: Construction Congress VI: Building Together for a Better Tomorrow in an Increasingly Complex World, Amer Society of Civil Engineers, Reston, VA, USA, 2000, pp. 280-288.

[62] M. Mawlana, F. Vahdatikhaki, A. Doriani, A. Hammad, Integrating 4D modeling

e simulação de eventos discretos para avaliação do faseamento de uma autoestrada urbana elevada

projectos de reconstrução, Autom. ConStruct. 60 (2015) 25-38.

S. Glick, D. Porter, C. Smith, Student visualization: using 3-D models in undergraduate construction management education, Int. J. Construct. Educ. Res.8 (1) (2012) 26-46.

D. Vergara, M.P. Rubio, M. Lorenzo, New approac5h for the teaching of concrete compression tests in large groups of engineering students, J. Prof. Issues Eng.Educ. Pract. 143 (2) (2017) 05016009.

M. Gheisari, J. Irizarry, Investigando os requisitos humanos e tecnológicos para a implementação bem-sucedida de um ambiente de realidade aumentada móvel baseado em BIM nas práticas de gestão de instalações, Facilities 34 (1/2) (2016) 69-84.

Y. Song, Y. Tan, Y. Song, P. Wu, J.C. Cheng, M.J. Kim, X. Wang, Variações espaciais e temporais da acessibilidade espacial da população aos hospitais públicos: um estudo de caso de comparação rural-urbana, GIScience Remote Sens. 55 (5) (2018) 718-744.

B. Wang, H. Li, Y. Rezgui, A. Bradley, H.N. Ong, Ambiente virtual baseado em BIM para evacuação de emergência em caso de incêndio, Sci. World J. 2014 (2014).

J. Wang, X. Wang, W. Shou, B. Xu, Integrando BIM e realidade aumentada para visualização arquitetónica interactiva, Construct. Innovat. 14 (4) (2014) 453-476, https://doi.org/10.1108/ci-03-2014-0019.

H. Xie, W. Shi, R.R. Issa, Utilização de RFID e simulação de realidade virtual em tempo real para otimização na construção em aço, J. Inf. Technol. Construct. 16 (19) (2011) 291-308.

C. Woodward, M. Hakkarainen, Mobile mixed reality system for architectural and construction site visualization, Augmented Reality-Some Emerging Application Areas (2011) 115-130.

C.S. Park, Q.T. Le, A. Pedro, C.R. Lim, Modelação interactiva da anatomia de edifícios para o ensino experimental da construção de edifícios, J. Prof. Issues Eng. Educ. Pract. 142 (3) (2016) 04015019.

J.K. Dickinson, P. Woodard, R. Canas, S. Ahamed, D. Lockston, Game-based trench safety education: development and lessons learned, J. Inf. Technol.Construct. 16 (8) (2011) 119-134.

K. Lin, J.W. Son, E.M. Rojas, Um estudo piloto de um ambiente de jogo 3D para o ensino da segurança na construção, ITcon 16 (2011) 69-84.

H. Li, G. Chan, M. Skitmore, Sistema de formação de segurança virtual multiutilizador para a desmontagem de gruas de torre, J. Comput. Civ. Eng. 26 (5) (2012) 638-647.

D. Nikolic, S. Lee, S.E. Zappe, J.I. Messner, Integrating simulation games into construction curricula-the vcs3 case study, Int. J. Eng. Educ. 31 (6) (2015) 1661-1677.

H. Guo, H. Li, G. Chan, M. Skitmore, Using game technologies to improve the safety of construction plant operations, Accid. Anal. Prev. 48 (2012) 204-213.

Q.T. Le, A. Pedro, H.C. Pham, C.S. Park, Um jogo sobre defeitos de construção baseado no mundo virtual para uma aprendizagem interactiva e experimental, Int. J. Eng. Educ. 32 (2016) 457-467.

S. Dong, C. Feng, V.R. Kamat, Análise de sensibilidade do reconhecimento de danos em edifícios assistido por realidade aumentada utilizando prototipagem virtual, Autom. ConStruct. 33(2013) 24-36.

B. Kim, C. Kim, H. Kim, Modelador interativo para a operação de equipamento de construção utilizando a realidade aumentada, J. Comput. Civ. Eng. 26 (3) (2012) 331-341.

D. Fonseca, N. Martí, E. Redondo, I. Navarro, A. S'anchez, Relação entre o perfil do aluno, o uso da ferramenta, a participação e o desempenho académico com o uso da tecnologia de Realidade Aumentada para a visualização de modelos de arquitetura, Comput. Hum. Behav. 31 (2014) 434-445.

A.H. Behzadan, V.R. Kamat, Enabling discovery-based learning in construction using telepresent augmented reality, Autom. ConStruct. 33 (2013) 3-10.

A. Shirazi, A.H. Behzadan, Fornecimento de conteúdos utilizando a realidade aumentada para melhorar o desempenho dos alunos num projeto de conceção e montagem de um edifício, Advances in Engineering Education 4 (3) (2015) n3.

S.K. Ayer, J.I. Messner, C.J. Anumba, Augmented reality gaming in sustainable design education, J. Architect. Eng. 22 (1) (2016) 04015012.

A. Shirazi, A.H. Behzadan, Conceção e avaliação de uma ferramenta móvel de fornecimento de informação baseada na realidade aumentada para o currículo de construção e engenharia civil, J. Prof. Issues Eng. Educ. Pract. 141 (3) (2015) 04014012.

Y.C. Chen, H.L. Chi, W.H. Hung, S.C. Kang, Utilização de modelos de realidade tangível e aumentada em cursos de gráficos de engenharia, J. Prof. Issues Eng. Educ. Pract. 137 (4)(2011) 267-276.

H.L. Chi, S.C. Kang, X. Wang, Tendências de investigação e oportunidades de aplicações de realidade aumentada na arquitetura, engenharia e construção, Autom.ConStruct. 33 (2013) 116-122.

G. Williams, M. Gheisari, P.J. Chen, J. Irizarry, BIM2MAR: uma tradução BIM eficiente para aplicações móveis de realidade aumentada, J. Manag. Eng. 31 (1)(2015) A4014009.

M. Kim, X. Wang, P. Love, H. Li, S.C. Kang, Virtual reality for the built environment: a critical review of recent advances, J. Inf. Technol. Construct. 18 (2013) (2013) 279-305.

I. Jeelani, K. Han, A. Albert, Development of virtual reality and stereo-panoramic environments for construction safety training, Eng. Construct. Architect. Manag.27 (8) (2020) 1853-1876.

D. Zhao, A. McCoy, B. Kleiner, Y. Feng, Integrating safety culture into OSH risk mitigation: a pilot study on the electrical safety, J. Civ. Eng. Manag. 22 (6) (2016)800-807.

L. Zhang, X. Wu, M.J. Skibniewski, J. Zhong, Y. Lu, Análise de risco de segurança baseada em redes Bayesianas em projectos de construção, Reliab. Eng. Syst. Saf. 131 (2014)29-39.

R.Y.M. Lia, T.H. Leung, Leading safety indicators and automated tools in the construction industry, in: ISARC. Actas do Simpósio Internacional sobre Automação e Robótica na Construção, vol. 34, Publicações IAARC, 2017.

Y. Shi, J. Du, C.R. Ahn, E. Ragan, Avaliação do impacto dos métodos de aprendizagem reforçada no comportamento de risco de queda dos trabalhadores da construção civil utilizando a realidade virtual, Autom.ConStruct. 104 (2019) 197-214.

A. Pedro, Q.T. Le, C.S. Park, Framework for integrating safety into construction methods education through interactive virtual reality, J. Prof. Issues Eng. Educ. Pract. 142 (2) (2016) 04015011.

C. Clevenger, C. Lopez del Puerto, S. Glick, Formação interactiva em segurança com base em BIM pilotada no ensino da construção, Advances in Engineering Education 4(3) (2015) n3.

R. Sacks, J. Whyte, D. Swissa, G. Raviv, W. Zhou, A. Shapira, Safety by design:dialogues between designers and builders using virtual reality, Construct. Manag.Econ. 33 (1) (2015) 55-72.

S. Cot ˆ 'e, O. Beaulieu, modelagem conceitual de segurança de estradas e canteiros de obras VR com base em gestos de mão, Fronteiras em Robótica e IA 6 (2019) 15.

T. Cheng, J. Teizer, tecnologia de recolha e visualização de dados de localização de recursos em tempo real para aplicações de segurança na construção e monitorização de actividades, Autom.ConStruct. 34 (2013) 3-15.

J. Goulding, W. Nadim, P. Petridis, M. Alshawi, Produção fora do estaleiro da indústria da construção: um protótipo de ambiente de formação interactiva em realidade virtual, Adv.Eng. Inf. 26 (1) (2012) 103-116.

A. Nakai, Y. Kaihata, K. Suzuk, O sistema de treinamento de segurança baseado na experiência usando a tecnologia VR para a fábrica de produtos químicos, Int. J. Adv. Comput. Sci. Appl. 5 (11) (2014)63-69.

S. Nazir, S. Colombo, D. Manca, Minimizando o risco na indústria de processo usando um simulador de planta: uma nova abordagem, Chemical Engineering Transactions 32 (2013) 109-114.

J. Hinze, A paradigm shift: leading to safety, in: Actas da 4ª Conferência Internacional Trienal Rethinking and Revitalizing Construction Safety,Health, Environment and Quality, 2005, pp. 1-11.

J. Teizer, P.A. Vela, Seguimento de pessoal em estaleiros de construção utilizando câmaras de vídeo, Adv. Eng. Inf. 23 (4) (2009) 452-462.

R. Navon, Automated project performance control of construction projects, Autom. ConStruct. 14 (4) (2005) 467-476.

R.M. Choudhry, D. Fang, S. Mohamed, The nature of safety culture: a survey of the state-of-the-art, Saf. Sci. 45 (10) (2007) 993-1012.

B.H.W. Hadikusumo, S. Rowlinson, Integração de um modelo de construção virtualmente real e de uma base de dados de processos de conceção para segurança, Autom. ConStruct. 11 (5) (2002)501-509.

A. Perlman, R. Sacks, R. Barak, reconhecimento de perigos e perceção de riscos na construção, Saf. Sci. 64 (2014) 22-31.

J. Park, K. Kim, Y.K. Cho, Framework of automated construction-safety monitoring using cloud-enabled BIM and BLE mobile tracking sensors,J. Construct. Eng. Manag. 143 (2) (2017) 5016019.

D. Rebolj, N.C. ˇ Babiˇc, A. Magdiˇc, P. Podbreznik, M. Pˇsunder, Automatedconstruction sistema de monitoramento de atividade, Adv. Eng. Inf. 22 (4) (2008) 493-503.

K. Kim, H. Kim, H. Kim, Sistema de prevenção de perigos na construção baseado em imagens, utilizando a realidade aumentada num dispositivo vestível, Autom. ConStruct. 83 (2017) 390-403.

H. Li, M. Lu, G. Chana, Sistema de formação proactiva para uma instalação segura e eficiente de pré-fabricados, Autom. ConStruct. 49 (2015) 163-174.

E. Sawacha, S. Naoum, D. Fong, Factores que afectam o desempenho da segurança nos estaleiros de construção, Int. J. Proj. Manag. 17 (5) (1999) 309-315.

X. Wang, P.S. Dunston, Uma taxonomia centrada no utilizador para a especificação de sistemas de realidade mista para a indústria aec, J. Inf. Technol. Construct. 16 (29) (2011) 493-508.

J.A. Thomson, A.K. Tolmie, H.C. Foot, P. Sarvary, K.M. Whelan, S. Morrison, Influence of virtual reality training on the roadside crossing judgments of child pedestrians, J. Exp. Psychol. 11 (3) (2005) 175-186.

L.M. Sutherland, P.F. Middleton, A. Anthony, J. Hamdorf, P. Cregan, D. Scott, G.J. Maddern, Surgical simulation: a systematic review, Ann. Surg. 243 (3) (2006)291.

B. De Vries, S. Verhagen, A.J. Jessurun, Centro de simulação de gestão de edifícios, Autom. ConStruct. 13 (5) (2004) 679-687.

J. Lucas, W. Thabet, P. Worlikar, Um programa de formação baseado em RV para a segurança das correias transportadoras, J. Inf. Technol. Construct. 13 (2008) 381-407.

ForgeFX, Fundo de seguro de compensação do Estado, Jogo de formação em segurança (2012) Disponível em: https://forgefx.com/simulation-projects/construction/jobsite-safety-training-imulation/.(Acedido em 12 de dezembro de 2023).

K. Ku, P.S. Mahabaleshwarkar, Building interactive modeling for construction education in virtual worlds, J. Inf. Technol. Construct. 16 (2011) 189-208.

Jasoren, VR programas de formação em segurança para trabalhadores da construção, Disponível em:https://jasoren.com/construction/, 2023. (Acedido em 24 de novembro de 2023).

J.L. Perdomo, M.F. Shiratuddin, W. Thabet, A. Ananth, Visualização 3D interactiva como ferramenta para a construção, in: educação, 6th Int. Conf. Information Technology Based Higher Education and Training 7-9, IEEE Xplore, 2005 julho,pp. 1-6.

[122] A.Z. Sampaio, M.M. Ferreira, D.P. Ros'ario, O.P. Martins, Modelos 3D e RV no ensino da engenharia civil: construção, reabilitação e manutenção, Autom. ConStruct. 19 (7) (2010) 819-828.

K.Y. Lin, J.W. Son, E.M. Rojas, A pilot study of a 3D game environment for construction safety education, J. Inf. Technol. Construct. 16 (5) (2011) 69-84.

D. Michael, Serious Games that Educate, Train and Inform, 2006. http://search.ebscohost.com/login.aspx?direct=true&scope=site&db=nlebk&db=nlabk&AN=144858.

A. Prabhakaran, A.M. Mahamadu, L. Mahdjoubi, Compreender os desafios da utilização de tecnologia imersiva na indústria da arquitetura e da construção: uma revisão sistemática, Autom. ConStruct. 137 (2022) 104228.

J. Messner, S. Yerrapathruni, A. Baratta, V. Whisker, Using virtual reality to improve construction engineering education, in: Conferência Anual de 2003, 2003,pp. 8-1266.

Y. Yan, K. Chen, Y. Xie, Y. Song, Y. Liu, Os efeitos do peso no conforto dos dispositivos de realidade virtual, em: Conferência Internacional sobre Fatores Humanos Aplicados e Ergonomia, Springer, Cham, 2018, pp. 239-248.

J. Yuan, B. Mansouri, J.H. Pettey, S.F. Ahmed, S.K. Khaderi, Os efeitos visuais associados aos ecrãs montados na cabeça, Int J Ophthalmol Clin Res 5 (2) (2018)85.

K.W. Arthur, F.P. Brooks, Effects of Field of View on Performance with HeadMounted Displays, vol. 2000, Universidade da Carolina do Norte em Chapel Hill, 2000, pp. 1-137. ISBN:978-0-599-73372-5.

K. Vasylevska, H. Yoo, T. Akhavan, H. Kaufmann, Towards eye-friendly VR: how bright should it be?, in: Conferência IEEE de 2019 sobre Realidade Virtual e Interfaces de Utilizador 3D (RV), 2019, pp. 566-574. IEEE.

C.A. Metz, Chip revolution will bring better VR sooner than you think, Availablefrom: https://www.wired.com/2017/04/chip-revolution-will-bringbetter-vr-soonerthink/,2017.Accessed 11 September 2023).

A. Sawhney, Research and development plan for the AEC industry, em: BerkeleyStanford CE&M Workshop, 1999, pp. 1-5. Stanford, 1999, http://faculty.ce.berkeley.edu/tommelein/CEMworkshop/Sawhney.pdf.

S. Liu, B. Xie, L. Tivendal, C. Liu, Critical barriers to BIM implementation in the AEC industry, Int. J. Market. Stud. 7 (6) (2015) 162.

P.J. Costello, Health and Safety Issues Associated with Virtual Reality: a Review of Current Literature, 1997.

S. Weech, S. Kenny, M. Barnett-Cowan, Presence and cybersickness in virtual reality are negatively related: a review, Front. Psychol. 10 (2019) (2019) 158.

F.P. Rahimian, V. Chavdarova, S. Oliver, F. Chamo, L.P. Amobi, OpenBIM-Tango integrated virtual showroom for offsite manufactured production of self-build housing, Autom. ConStruct. 102 (2019) 1-16.

Unity3D, Unity3d, Disponível em: https://unity3d.com/(Acedido em 11 de setembro de 2022).

U. Reflect, Criar experiências 3D em tempo real, incluindo em AR e VR. A partir do Revit, Navisworks, SketchUp e Rhino, 2019.

T. Visser, J. Tichon, P. Diver, Reduzir os perigos da distração do operador através da formação em simulação, em: E Leigh (Ed.), SimTecT2012: Conferência e Exposição de Formação em Simulação da Ásia-Pacífico: Actas da Conferência, SA Simulation Australia Ltd, Austrália, 2012, pp. 1-4.

T.S. Abdelhamid, J.G. Everett, Identifying root causes of construction accidents, J. Construct. Eng. Manag. 126 (2000) 52-60.

A. Addison, W.T. O'Hare, M. Kassem, N. Dawood, The importance of engaging engineering and construction learners in virtual worlds and serious games, in:Proceedings of the 13th International Conference on Construction Applications of Virtual Reality, 30-31 October 2013, 2013, pp. 448-457. Londres.

A. Addison, W.T. O'Hare, How can massive multi-user virtual environments and virtual role play enhance traditional teaching practice, in: ReLive 08 Researching Learning in Virtual Environments (Investigação da aprendizagem em ambientes virtuais), Universidade Aberta, Milton Keynes, 2008.

M. Anderson, Behavioural safety and major accident hazards: magic bullet or shot in the dark? Process Saf. Environ. Protect. 83 (2) (2005) 109-116.

P. Palanque, C. Johnson, Erro humano, segurança e desenvolvimento de sistemas, em: IFIP 18th World Computer Congress TC13/WG13.5 7th Working Conference on Human Error, Safety and Systems Development, 22-27 de agosto de 2004, Kluwer Academic Publishers, Toulouse, 2004.

L. Guo, H. Li, V. Li, Gestão da segurança baseada em VP em projectos de construção em grande escala: um quadro concetual, Autom. ConStruct. 34 (2013) 16-24.

L. Carozza, F. Bosch'e, M. Abdel-Wahab, Localização baseada em imagem para um sistema de treinamento de construção VR/AR indoor, em: Conferência Internacional sobre Aplicações de Realidade Virtual na Construção (CONVR 2013), 2013. Londres, Reino Unido.

A. Perlman, R. Sacks, Hazard recognition and risk perception in construction, Autom. ConStruct. 64 (2014) 22-31.

P. Nickel, A. Lungfiel, G. Nischalke-Fehn, Um estudo piloto de realidade virtual para elevar a segurança e a usabilidade da plataforma de trabalho na prevenção de acidentes, Saf. Sci. Mon.17 (2) (2013) 10-17.

T. Mathi, S. Galloway, Steps to Safety Culture Excellence, Wiley, West Sussex, 2013.

H. Xie, J. Carr, Sensor ultrassónico e ambiente de simulação de realidade virtual 4D 1238 para formação em segurança. Actas da Conferência Internacional sobre 1239 Computação em Engenharia Civil e de Construção, Nottingham University Press, Nottingham, Reino Unido, 2010.

S. Greuter, S. Tepe, F. Peterson, F. Boukamp, K. D'Amazing, K. Quigley, R. Van Der Waerden, T. Harris, T. Goschnick, R. Wakefield, Designing a game for occupational health and safety in the construction industry, in: Actas da 8ª Conferência Australasiana sobre Entretenimento Interativo, 2012.

Printed by Books on Demand GmbH, Norderstedt / Germany